U0253600

东方
文化符号

扬州园林

陈跃　编著

江苏凤凰美术出版社

图书在版编目（CIP）数据

扬州园林 / 陈跃编著. -- 南京：江苏凤凰美术出
版社，2024.6
　（东方文化符号）
　ISBN 978-7-5741-1252-0

　Ⅰ.①扬… Ⅱ.①陈… Ⅲ.①古典园林-园林艺术-
介绍-扬州 Ⅳ.①TU986.625.33

中国国家版本馆CIP数据核字（2023）第164416号

责 任 编 辑　舒金佳
设 计 指 导　曲闵民
责 任 校 对　施　铮
责 任 监 印　张宇华
责任设计编辑　赵　秘

丛 书 名　东方文化符号
书　　名　扬州园林
编　　著　陈　跃
出版发行　江苏凤凰美术出版社（南京市湖南路1号．邮编：210009）
制　　版　南京新华丰制版有限公司
印　　刷　盐城志坤印刷有限公司
开　　本　889mm×1194mm　1/32
印　　张　4.75
版　　次　2024年6月第1版　2024年6月第1次印刷
标准书号　ISBN 978-7-5741-1252-0
定　　价　88.00元

营销部电话　025-68155675　营销部地址　南京市湖南路1号
江苏凤凰美术出版社图书凡印装错误可向承印厂调换

目录

第一章　扬州园林的历史沿革及艺术特色

在中国园林发展的历史长河中，扬州园林有着突出贡献。早在西汉就已构筑宫苑"钓台"，历经南北朝建筑官衙园林、隋代建筑离宫别馆、唐代私家园林兴起、宋代寺观园林花木深、元代园林寥落、明代私家园林复兴、清代乾隆盛世"扬州园林甲天下"、民国出现风景委员会，自呈一派景象。中华人民共和国成立后，在历经 2000 余年兴衰保存至今，并经修复、重建的众多古典园林遗存中，个园、何园（寄啸山庄）1988 年 1 月被国务院审定、公布为全国重点文物保护单位；蜀冈—瘦西湖风景名胜区 1988 年 8 月被国务院审定、公布为国家重点风景名胜区；小盘谷 2006 年 5 月被国务院审定、公布为全国重点文物保护单位。2014 年 6 月 22 日，第 38 届世界遗产大会通过、公布中国大运河入选世界遗产名录，其中扬州瘦西湖、个园列入世界遗产点。此外，刘庄、匏庐、蔚圃、平园、珍园、汪氏小苑、怡庐、萃园等早在 1962 年就被扬州市人民政府审定、公布为市级文物保护单位。扬州园林具有悠久的历史、独特的营造技艺和强烈的自身特点，在中国园林史上占有十分重要的地位。

瘦西湖晨曦

烟雨瘦西湖

第一节 扬州园林的六段沿革

扬州地处江淮要冲，自然条件优越、物质基础丰厚、文化繁荣昌盛，这一切为扬州园林的发展创造了有利条件。扬州园林的历史走向与城市经济文化发展的脉络相一致。

扬州园林有六个历史发展时期：起始期（西汉—南北朝）、发展期（隋、唐、宋、元）、成熟期（明中后期—清前期）、鼎盛期（清乾隆年间）、中衰期（清嘉庆—民国）、复兴期（1949年至今）。

起始期（西汉—南北朝） 汉代广陵（扬州）成为荆王、吴王、江都王、广陵王的都城，出现了吴王刘濞长洲苑、钓台，刘建章台宫等宫苑。南北朝时期，以山水园林风格为主的官衙园林兴起，徐湛之就任南兖州（扬州）刺史期间于城北"起风亭、月观、吹台、琴室，果竹繁茂，花药成行。招集文士，尽游玩之适，一时之盛也"（《宋书》）。这是见于史籍的扬州第一次官府造园活动。

发展期（隋、唐、宋、元） 隋代，隋炀帝三次巡幸江都（扬州），以江都作为陪都，兴建江都宫、显阳宫、显福宫、临江宫、长阜苑十宫、隋苑（上林苑）、萤苑等多处离宫别苑。建筑雄伟精美，景色奇丽丰富，达到了扬州园林史上皇家园林的顶峰。

唐代，扬州成为东南第一大都会，城市规模仅次于长安、洛阳。安史之乱后，扬州繁华富庶达到顶峰，有"扬一益二"（"益"为益州，今成都）之誉。"街垂千步柳，霞映两重城""园林多是宅，车马少于船"，唐代扬州呈现出园林化城市景观，寺观园林、官署园林众多，私家园林兴起。官署园林有郡圃、水馆、水阁等；寺庙园林有禅智寺、大明寺、法云寺、惠昭寺、木兰院等40多处；私家园林有南郭幽居、崔秘监宅、周济川别墅、王慎辞别墅、崔行军水亭、白沙别业、王播瓜洲别业、萧庆中宅园、席氏园、郝氏园、樱桃园、周氏园、万贞家园等多处。众多私家园林的出现是扬州经济繁荣、人文荟萃的具体体现。从吟咏扬州园林的诗文可以看出，唐代扬州的私家园林已经成为寄情山水的典型代表，并催生出文人园林这一写意园林形式。

宋代扬州仍是东南重镇。北宋时期，扬州造园绝大部分以官筑园林为主，私家园林较少。南宋时期，由于扬州处于宋金交战前沿，造园活动不及北宋。宋代官筑园林有郡圃、平山堂、茶园、时会堂、春贡亭、摘星楼、水晶楼、筹边楼、骑鹤楼、皆春楼、镇淮楼、云山阁、万花园、波光亭、竹西亭、无双亭、玉立亭、四柏亭、高丽亭、迎波亭等。贾似道镇守扬州期间，重修郡圃，规模宏大，花木竞发，脱尽官筑园林习俗，跨入山水园林行列，而且向平民开放，是官筑园林的一大进步。其余私家园林有朱氏园、借山亭、申申亭；寺观园林有铁佛寺、龙兴寺、建隆寺、后土祠、仙鹤寺、普哈丁墓园等。

元代扬州经济水平不及两宋，园林寥落。官府造的园林比较少，私家园林有明月楼、平野轩、居竹轩、菊轩、梅所、西树草堂、竹深处、竹西佳处亭、李使君园、崔伯亨园、淮南别业等处。元代扬州园林受元代画风的影响，多以平远山水或者单一题材为主，无崇山峻岭、平流涌瀑，平淡中见意境。

古籍中的扬州园林图

成熟期（明中后期—清前期）　明代中后期，大批山西、陕西、安徽的商人来到扬州业盐，加之漕运的畅通，扬州的社会经济有了较大的发展。受江南造园技术和风气的影响，扬州园林逐步走向成熟，表现为名园不断出现、叠石造山兴起和园林理论著作《园冶》出现。明代扬州私家园林进一步发展，有皆春堂、红雪楼、藏书万卷楼、菊轩、竹西草堂、闫氏园、冯氏园、王氏园、嘉树园、慈云园、迁隐园、灌木山庄、深柳堂、水月居、影园、于园、寤园等多处，其中影园、于园、寤园最为出名。清代前期，扬州园林继承明代造园风格，追求"虽由人作，宛自天开"，崇尚自然，意境深远，私家名园迭现，著名的有休园、依园、白沙翠竹江村、片石山房（双槐园）、万石园、乔氏东园、小玲珑山馆（街南书屋）、贺氏东园等。

大明寺老照片

鼎盛期（清乾隆年间） 清代乾隆年间，扬州园林发展达到鼎盛时期，其时城内外园林有几百处，风格多样，尤以瘦西湖园林集群最为著名，时人称"杭州以湖山盛，苏州以市肆胜，扬州以园亭胜"。扬州城内园林主要集中于东关街、南河下一带，除休园、梅花书院、万石园、小玲珑山馆外，还有康山草堂、退园、徐氏园、易园、驻春园、静修养俭之轩、别圃、容园、安氏园、双桐书屋、朱草诗林、秦氏意园；城南有秦园、秋雨庵、水南花墅、漱芳园、南庄、黄庄、梅庄、锦春园等上百家园林。据《扬州画舫录》记载，从1751年至1765年，瘦西湖已经形成二十景，分别为：卷石洞天、西园曲水、虹桥览胜、冶春诗社、长堤春柳、荷蒲熏风、碧玉交流、四桥烟雨、春台明月、白塔晴云、三过留踪、蜀冈晚照、万松叠翠、花屿双泉、双峰云栈、山亭野眺、临水红霞、绿稻香来、竹楼小市、平冈艳雪。1765年后，又增建了"绿杨城郭""香海慈云""梅岭春深""水云胜概"四景，合称"二十四景"，呈现出"两堤花柳全依水，一路楼台直到山"的空前盛况。扬州瘦西湖是18世纪乾隆风格园林在南方的代表作品，其美学特征主要表现为"充分利用自然，又极力发挥人工；重视环境总体，又突出各园特征；布局奇巧变化，而工艺精致考究；空间诡谲参差，而尺度法则严谨。它全面地展示了人的创造能力，充满了世俗的人情味道；同时又尽量摄取、利用、改造、融合自然界一切美的因素，开辟了园林艺术的新途径"（王世仁语）。总之，清乾隆时期，以瘦西湖为代表的扬州园林已经发展成为与中国传统园林性质不一、具备了一定程度公共性的风景地（区），是初步具备了现代景观学

扬州二十四桥

意义上的园林，成为中国古典园林发展的顶峰。

中衰期（清嘉庆—民国年间）　　清嘉庆后，由于皇帝不再南巡，加上海运的发展、盐法的改革，扬州的城市地位迅速下降，扬州盐商也大多数困顿潦倒，他们在瘦西湖周边的园林由于缺资维护逐渐荒废，经咸丰兵火，基本上摧残殆尽。嘉庆年间，城内旧园林仅休园、康山草堂、双桐书屋、静修养俭之轩、容园、小玲珑山馆等大致完好，只出现了青溪旧屋、城南草堂、小倦游阁等小型宅园，规模较大的个园、棣园等则是在旧园基础上改建的名园。咸丰三年（1853）、咸丰六年（1856）、咸丰八年（1858），太平军三进扬州，战争对扬州园林造成了毁灭性的损害，更不要说新的园林建设了。"同光中兴"及其后，蜀冈湖上的古迹稍有修复。城内园林也开始恢复发展，出现了小圃、壶园、冰瓯仙馆、养志园、寄啸山庄、小盘谷、裕园、退园、娱园、约园、金粟山房、卢氏意园等。除寄啸山庄外，其他园林规模较小，仅小有池轩之胜而已。民国年间，瘦西湖风光不再，仅新建徐园、凫庄、熊园，重建五亭桥的五座桥亭等。城内所建园林更是趋于小型化、平民化，如萃园、平园、息园、鲍庐、汪氏小苑、逸圃、八咏园、憩园、可园、冶春花社、餐英别墅等。特别是扬州出现了近代意义上的公园，即1912年建成的小东门公园以及1935年北郊的叶林。1937年抗日战争爆发后，园林兴建之风不再。

复兴期（1949年至今）　　中华人民共和国成立以来，

扬州园林进入了一个全新的复兴时期。为保护、传承好扬州园林这一历史瑰宝，1949 年 10 月扬州在全国最早成立了专门的管理机构——苏北园林管理所，对幸存的扬州园林加以保护、修缮。在保护、恢复历史名园的同时，扬州市加快建设新型的城市公共园林，打造城在园中、园在城中、城园一体的"绿杨城郭"新扬州，先后获得"国家园林城市""国家生态园林试点城市""国家森林城市"等

当代画家张宽笔下的"竹西佳处"

荣誉称号。茱萸湾、古运河、蜀冈西峰、润扬大桥、明月湖、宋夹城、廖家沟、三湾及扬子津等地均建成了大型城市公园。为彰显城市特色、提升城市功能、建设生态文明，2015 年 9 月，扬州开始推进城市公园体系建设，建立了以市级公园、区级公园、社区公园和各专类公园构成的大、中、小合理搭配的公园体系。盛世造园，成果斐然，扬州园林复兴之势已经形成。

第二节　百科大全式的营造技艺

扬州园林营造技艺是涉及建筑学、美学、民俗学、力学、文学等多学科的综合艺术。它经历代相师和匠师的千锤百炼、传承发展，是文化与技艺完美结合的典范。主要包括建筑、叠石、理水、植物配置等要素。该技艺于2014 年被列为国家级非物质文化遗产。

建筑　扬州建筑上有其独特的成就与风格，是北方官式建筑与江南民间建筑两者之间的一种介体。清人钱泳认为，"造屋之工，当以扬州为第一"。扬州园林建筑比苏南园林建筑平稳，又比北方皇家园林建筑轻巧，而结构与细部的作法，亦兼两者之长。

从建筑的瓦作来看，扬州园林建筑屋面较北方显得轻灵，与苏南相比显得稳重；屋脊脊身高大，比苏南的屋脊厚重，但花脊自身通透又比北方的屋脊轻秀；建筑外墙有磨砖对缝、清灰丝缝、乱砖清水丝缝等形式，一任本色，不同于北方流光溢彩的黄瓦红墙，也不同于苏南黑白分明的粉墙黛瓦；花窗图案变化多端，其图案造型、风格与苏南的素式花窗柔美的风格截然不同，比之北方的窗洞和砖

扬州园林建筑较北方轻灵，又比苏南稳重

富于变化的扬州园林建筑

格围墙，又显清秀之气；建筑台基早期用青石，后期用白石，踏跺用天然石随意点缀，自然朴实；柱磉有北方的"古镜"形式，也有苏南的"石鼓"形式。

从建筑的木作来看，扬州园林建筑木作（构架、装饰）精工细磨，力求显示原材料固有的色彩美与质地美。扬州建筑内部梁架多用圆料直材，间或有扁作，与苏南普遍的扁作不同；屋角起翘均用"嫩戗发戗"，坡度平缓，但出檐深远、翼角柔顺，比北方舒展，较苏南低平；窗户图案及用料尺寸较北方复杂，富于变化，显得精致，但比之苏南则较为粗放；檐下用挂楣装饰，与北方的挂楣相似，但花格图案及小雕件较北方活泼精致，而与苏南所用的挂落相比又显得粗壮；柱的比例介于南北之间；檐高与开间的比例在 0.9—1 之间，与北方常规作法（0.8）比，感觉较为高敞；室内门罩也风格独特，北方室内多用门隔式落地罩，而苏南室内多用双面镂空雕飞罩或落地罩，扬州园林建筑中却出现了室内明间用双面镂空雕飞罩，次间为门隔式落地罩，将南北两种室内罩风格融于一室的作法。

叠石 "扬州以名园胜，名园以垒石胜。"（李斗语）由于盐商的雄厚资财和扬州便利的运输条件，扬州虽不产石，却能有多种石材，叠出多种假山。大江南北造园叠石名家在扬州叠石造山，著名的有计成（寤园、影园叠石）、石涛（万石园、片石山房等）、仇好石（怡性堂宣石山）、董道士（卷石洞天等）、王天余（庭余）、张国泰、姚蔚池、戈裕良（秦氏意园、小盘谷假山）、余继之（蔚圃、萃园、怡庐、匏庐的假山）等。扬州园林叠石技艺日臻完美，达到了极高的水平，形成了自己独特的风格。扬州园林叠石大体以峰岭险峻、洞壑幽深、中空外奇者居多，利用自然山石或搭架成空、或挑法造险、或飘法求动。多用"小石包镶"和"大挑大飘"技法。扬派叠石擅长运用小石拼叠，即根据石形、石色、石纹、石理和石性，运用小料将石材呈横长形层层堆叠拼合成整体，从而表现出山石造型的流动感，利于造险取势。为了增加横纹拼叠山石造型的动势和险势，扬派叠石又大量运用了"挑""飘"技法。在关键之处将石纹相通的石材叠置成伸出山体之外为"挑"，在挑石端再叠上一块石料为"飘"。"挑""飘"手法的

山腹之中，自有天地

石不能言最可人

运用打破了山体的呆板、僵硬，使静态的山体呈现出灵动之势。扬派叠石还善于堆叠贴壁山，且叠山善于叠入理趣。片石山房假山、个园四季假山、小盘谷九狮图山、寄啸山庄贴壁假山都是扬派叠山的优秀作品。

理水　扬州位于水网地区，水是扬州园林中不可或缺的要素，扬州园林之胜在于水。扬州园林的理水手法多样、形式丰富，大致可以归纳为以下几种：一为依，即依水筑园。瘦西湖、南湖及城河岸边诸园，都是"名园依绿水"的构建。二为凿，即凿曲池方沼以蓄碧水，城区或蜀冈上诸名园都依此法得水。三为挖，即挖开莲花埂而成新河，

瘦西湖北区水系，有依有引、有隔有曲

以通画舫；挖去河中阻滞水道的土埂，以增广湖面。四为引，即引水入园、引水入洞、引水入室、引水作飞泉等。五为隔，即湖中筑渚、岸边建廊、水面跨桥等。六为蔽，即以小桥、花墙、花树、山石等，隐蔽岸线、水流、水源、水口，扩展空间，造成水面烟雾迷蒙、水流来去悄然、深隐幽邃的审美效果。七为曲，水景宜曲忌直，曲则生美多媚，驳岸多成凹凸蜿蜒之姿，岸边建筑、花树轮廓皆忌平直一律。八为清，"问渠那得清如许，为有源头活水来"。水要有源头，才能清澈鲜活、才能游鱼可数，倒映天光云影、柳影、山影、楼影，产生优美的水景。九为音，即设

置檐下滴泉、岩壁流泉、蓄水引瀑,使园内流水泠泠淙淙,一派天籁清音。还有一种更为特别的理水形式为"旱园水意",又称为"旱园水作"或"旱地水作",就是用各种材质造出山溪、瀑布、河流、海涛等形状,船舫、桥梁、水榭、池岸等临水景物,使人产生无水似有水的艺术感受。何园船厅、个园秋山等是著名的代表。

植物 扬州园林植物主要有松、柏、榆、枫、槐、银杏、女贞、梧桐、黄杨、桂花、海棠、玉兰、山茶、石榴、梅、蜡梅、碧桃、杜鹃、紫藤、木香、蔷薇等。扬州园林植物配置注重与建筑、假山、水景之间的关系,还能够用垂直绿化丰富景观的层次,讲究植物色彩的搭配,增加园林的魅力。扬州园林十分注重本土特色植物、花卉的运用。扬州园林里用柳树较多,历史悠久,如隋堤柳、平山堂"欧公柳"。清代瘦西湖遍植杨柳,著名的景点有"柳湖春泛""长堤春柳"等。扬州园林竹栽植普遍,隋代宫苑、宋代平山堂、郡圃,元代平野轩、居竹轩,明代遂初园、影园,清代筱园、让圃、净香园、白塔晴云、蜀冈朝旭、锦泉花屿、石壁流淙、平冈艳雪、个园等均以种竹著称。扬州园林多芍药,有"扬州芍药名于天下,与洛阳牡丹俱贵与时"之誉。南北朝的徐湛之园,宋代禅智寺、龙兴寺、朱氏园,清代筱园、白塔晴云等园林均以芍药著称。扬州园林梅花栽植较盛,小香雪、梅岭春深、平冈艳雪、梅庄等均种植大量梅花。扬州因处水乡,种植荷花历史悠

久。唐代鉴真和尚东渡日本，带去了荷花。清代瘦西湖即
荷塘莲界十里不断，二十四景中就有以荷花为主题的"荷
浦熏风"，"梅岭春深""蜀冈朝旭""藕香桥畔"，也
是湖上观荷佳处，瘦西湖五亭桥更以荷花命名为莲花桥。
扬州园林更有"维扬一株花，四海无同类"的琼花，宋代
欧阳修在扬州任太守期间筑无双亭，曾赋诗云："琼花芍
药世无伦，偶不题诗便怨人。曾向无双亭下醉，自知不负
广陵春。"此外，起于唐、宋，明代开创风格，清代形成
流派的扬派盆景，也是扬州园林中重要的点缀品。扬派盆
景以"层次分明、严整平稳、一寸三弯"和"云片剪扎"
等技法闻名于世，具有工笔细描的装饰美。

画面若无桃柳，风景亦是无奈

植物之于园林，如彩衣之于美人

第三节　扬州园林"妙"在何处?

扬州园林在其漫长的发展过程中，形成了与中国其他地方的园林不同的特性，这正是扬州园林的精妙之处。

融合性　扬州园林既有江南园林的明媚清秀的特点，又有着北方园林雄伟典雅的特征，清秀中见刚健、清新中见古朴。这是因为扬州地处南北走向的大运河与东西走向的长江的交汇点上，作为古代交通枢纽，因舟楫之便，成为盐运、漕运的中心和商贸业的重镇。经济的繁荣，带来了文化的繁荣，南北文化在此汇聚交流，为扬州造园提供了丰富的美学内容。大量南北匠师所带来的建筑理念与艺术风格也在这里碰撞融合、兼收并蓄，形成了扬州园林涵容南北、自成一格的显著地域特征，通俗地说就是兼具"北方之雄"和"南方之秀"。以康熙、乾隆南巡为直接动因建造的扬州园林在建造风格上趋附帝王的审美，这在瘦西湖园林中得到了充分的体现。如莲性寺白塔是"仿京师万岁山塔式"的喇嘛塔；趣园中跨水建锦镜阁三间，"其制仿工程则例暖阁作法"；春台祝寿熙春台屋顶用五色琉璃瓦，金碧辉煌；接驾厅"方盖圆顶，中置涂金宝瓶琉璃珠，外敷鎏金"等。这些均是典型的清代皇家风格。

市民性　清代中期，扬州盐商财力雄厚，盐业的支撑促进了整个扬州社会经济的发展。市民阶层的出现，对环境产生了新的要求，扬州园林的造园风格也因此产生了变化，从明代、清初的文人风格，逐渐转变为以注重悦目与

莲性寺白塔是"仿京师万岁山塔式"的喇嘛塔

享受的市民风格。扬州园林在取材、建造规模、装饰等方面更为奢华和豪放，追求新奇。如石壁流淙园沿岸以怪石叠为石壁，绵延里许；蜀冈朝旭园南部"辇太湖石数千石"叠为假山，园北则"移堡城竹数十亩"建为竹林；个园更是将材质、造型、叠石手法各异的四季假山汇于一园。这些均显示了作为市民阶层的盐商雄厚的经济实力。扬州园林反映了市民阶层顺应时尚、追新逐异的心理，还大量使用珍稀建材和器物，并着意模仿西式风格和其他地区的新奇式样。如"西园曲水"中的水明楼大量使用玻璃，"《图志》谓仿西域形制，盖楼窗皆嵌玻璃，使内外上下相激射"；净香园中的怡性堂等建筑用文楠、香檀等名贵木材作装饰；金铺玉锁，更"仿西洋人制法"建造屋宇，用自鸣钟、玻璃镜等器物；趣园中的澄碧堂等建筑，仿广州十三行建筑，建"连房广厦"；寄啸山庄（何园）大量使用玻璃，定制国外铸铁栏杆、壁炉等。这些新奇事物不仅体现了盐商给予造园的财力保障，也反映了这一特殊群体丰富的社会经历带给园林的多元化风格。这些均是盐业经济带给传统园林的市民性，反映了扬州园林对这一消失的盐业文明的特殊见证。

开敞与开放性　扬州园林的园主人大部分为盐商或盐务官员，他们选址在城郊的瘦西湖带状水体沿岸修建园林别墅，既是对帝王游赏需求的迎合，也使瘦西湖园林成为卷轴画式的开敞城市景观，具有线型、开放性、整体性的特征。限于沿湖的空间格局，园林平面一般呈现狭长的布局形式，各园紧密排布，形成线型的连续景观。各个园林特色鲜明，景观没有一处是重复的，富有韵律和变化的节奏。欣赏扬州园林，就好像欣赏一幅中国传统的山水长卷，渐次展开，成为连续铺陈而又节奏明快的卷轴画式景观。各园依水而建，多有水楼、水厅、水门等，使这些园林更具亲水性，在空间上呈现开放态势。其整体性又表现在沿湖各园虽各有所属，却相互关联、互为因借。园林间不设隔障，建筑多为视野开阔的楼、堂等，便于景观的通畅和

好的园林，总是充满了"市民性"

因借。各园的关联以湖两岸的对景最为普遍，如"蜀冈朝旭"高咏楼与石壁流淙相对；"春台祝寿"之熙春台与"白塔晴云"之望春楼相对；小金山北对"水云胜概"之春水廊，南对桃花坞；桃花坞于高处建纵目亭，可观莲花桥、白塔、长春岭诸景等。除此之外，也不乏借景、框景等巧妙的手法，如"西园曲水"巧借"卷石洞天"中的梅花，小金山吹台月洞门与白塔、莲花桥的框景，"四桥烟雨"更借四桥景色汇于一园。扬州园林的开敞性与开放性还表现在瘦西湖不仅是帝王、官员、盐商的活动场所，其悠长曲折并连接诸园的湖水、往来不断的画舫以及随着民俗节日的次第到来，湖上园林还成为文人、市民、游客、贩夫、走卒、僧尼甚至包括乞丐在此都有其活动的场所与空间，虹桥修禊、清明踏青、端午赛龙舟等活动均在此发生，其开敞性与开放性也在一定程度上反映出城市商业经济的发展、市民对游娱活动的需要。总之，以瘦西湖为代表的扬州园林独特的开敞性与开放性的卷轴画式景观，展现了扬州园林带给中国古典园林发展的特殊变化，成为中国古典园林中不可替代的优秀作品。

第四节　园林珍馐与园林粉墨

扬州园林是扬州历史文化各类艺术、技术、学术的最重要的载体，如与扬州古典建筑、花木盆景、扬州书画、扬州美食、扬州戏曲等关系都十分密切。

扬州名园多由官宦巨贾所建，官宦巨贾所倡导的饮食听戏的方式，很快成为社会的潮流与时尚而流行开来。

先说美食。在隋朝，一直追随杨广的厨师谢讽总结在扬州的经历，写成了一本美食书《食经》。北宋时，苏东坡在扬州做太守，在诗中他记载曾把鲜鲫、紫蟹、莼菜、姜芽等不少"扬州土物"送给好朋友秦少游烹饪。到了明清时期，流行于扬州官衙民间的烹饪方式逐渐定型，发展为淮扬菜系，与京菜、川菜、粤菜齐名，成为中国四大菜系之一。

清乾隆时期的扬州瘦西湖上，有着各式各样的画舫和船只，每天有200多艘，其类型有歌船、花船、鸟船、灯船、酒船等。这酒船，自然是湖上经营酒宴的船。

《扬州画舫录》记载：画舫在前，酒船在后……传餐有声，炊烟渐上。

清乾隆年间，有两本书问世：一个是久居扬州园林的名士袁枚，他写了《随园食单》；一个是拥有私家园林的盐商童岳荐，他写的《调鼎集》，更是成为淮扬菜诞生于扬州园林的直接例证。著名作家曹聚仁在文章中写道："扬州的吃，就是给盐商培养起来的。扬州盐商几乎每一家都有头等好厨子，都有一样著名的拿手好菜或点心。盐商请客，到各家借厨子，每一厨子，做一个菜，凑成一整桌。"

一方面因为扬州有丰富的食材资源，另一方面康乾南巡盐商竞奢献食，加上专业厨师和家庭厨师的技艺交流，

淮扬菜之"扬州扒猪头"

淮扬菜很快流行于大江南北。

乾隆皇帝偏爱淮扬菜，他南巡的时候，一直带着扬州主厨同行，最后，一众厨师伴驾入京，成就了满汉全席的基本菜谱。今天翻看《扬州画舫录》记载的满汉全席食单，与近年来刚刚解密的御膳档案记载，几无二致！

在"晚清第一园"扬州何园，有一座中国古典园林中唯一的水上戏台——水心亭，它见证了中国戏曲繁盛于扬州园林的诸多辉煌时刻。

唐代以后,扬州园亭繁盛,戏曲繁荣。盛唐"扬一益二",是说扬州是全国第一繁华的地方,益州(今成都)是全国第二繁华的地方。明清以后,盐业由政府垄断,扬州得地利之便,成为天下第一富庶的地方。"管弦十万户,夜夜闹喧腾",痴迷于戏曲艺术的扬州盐商更是舍得投入,他们在自己的私家园林内养了不少的戏班,多的有100多人,除了供吃供喝,还写戏、排演、度曲、裁服、搭台、置景……最繁盛的时候,扬州的园林内有"看楼二十余楹、歌台十余楹",水榭厅堂之间,戏兴曲盛。

在扬州,有个非常好的传统,就是无论官民、无论贵贱,都喜欢看戏听曲。皇帝南巡,盐商们在瘦西湖沿岸的公共园林内,搭建了一座接一座的楼台,笙歌不绝,这样的福利,连老百姓都跟着享受到了。清朝中叶,扬州涌现了不少有名的盐商家庭戏班,有春台、德音、百福、黄班、张班等。乾隆五十五年(1790),皇帝让全国各地的戏曲名班进京献演祝寿,第一个点名的就是扬州的"三庆班"。此后,"四喜""和春""春台"班相继从扬州出发进京,历史上叫作"四大徽班进京"。四大徽班在京城活跃了百年之久,逐渐演变为京剧——所以史界公认,今天贵为国粹的京剧,是从扬州地方戏曲发展演变而成的。

扬剧之《十八相送》

第二章　瘦西湖

第一节　湖上园林的代表佳作

"两堤花柳全依水，一路楼台直到山"，说的是扬州瘦西湖。瘦西湖水面长约 4.3 千米，最宽处不到 100 米，但它却通过对山体地形、湖中岛屿、沿岸土丘的合理利用，辅以人工修饰，构成了瘦西湖山水环抱、仪态万方的湖上胜境。

它有经典音乐的起承转合，又有中国画的布局章法，使人文景观与自然景观高度结合，形成了一幅水墨淋漓的山水长卷。

且看瘦西湖。河湖水面自然形成了三个转折：起——御码头至"西园曲水"，是欲扬先抑的序幕空间；承——"虹桥览胜"至"四桥烟雨"，为画卷展露气势空间；转——"梅岭春深"至"春台明月"，为瘦西湖景观高潮空间；合——蜀冈郊野山林景观为落幕散场空间。在整部高潮迭起的画卷中，分别以"梅岭春深"、莲花桥、熙春台为中心，形成最为精彩的三个景观节点，又以吹台、白塔、凫庄、莲花桥单体建筑及水体构成的中部核心景区为整个景观序列的巅峰。

瘦西湖文化景观是经过漫长的岁月积淀逐渐形成的湖上景观。自公元前 486 年吴王夫差开邗沟沟通江淮起，历经 2000 多年的水域疏浚与人工造景，瘦西湖完成了从人工河道、郊野园林到风景名胜角色之间的完美转换，蜕变

瘦西湖长卷

为一幅独具中国古典情调和东方审美魅力的山水卷轴画。

南北朝隋唐时期，伴随着瘦西湖水系的部分沟通，"虹桥览胜"至"四桥烟雨"、熙春台以北至蜀冈景观段的水域逐步成型。

宋元明时期，是瘦西湖景观的发展期，这一时期陆续出现在今瘦西湖北段的平山堂、观音禅寺、虹桥及私家园

明媚瘦西湖

林，促使扬州城内的居民逐渐往郊外聚集，使得今天瘦西湖北段尤其是蜀冈一带成为市民郊游的重要场所。

清代初期至中期，是蜀冈瘦西湖文化景观的繁荣与鼎盛时期。这一时期，瘦西湖区域内包括二十四景在内的大部分景观陆续出现，整个水体通过分布于沿湖两岸的私家园林，形成了开放式的湖上园林，瘦西湖也完全转化为社会各阶层人士共享的休闲娱乐的文化乐园。

伴随着扬州盐业、漕运的兴盛与商业的繁荣，加之康熙与乾隆的多次巡幸，政治、经济、文化进入鼎盛时期的扬州城推动了文化的繁盛与蜀冈瘦西湖景观的发展。从平山堂沿瘦西湖南下，至莲花桥、"梅岭春深"，再转而向南，到虹桥的水系完全形成。多次重浚"保障河"的工程促使瘦西湖水系最终确立，为湖上园林的兴起创造了有利条件，这里从而成为具有多种社会文化功能的风景胜地。

康熙中后期的瘦西湖景观已经逐渐向湖上园林阶段发展。康熙南巡激发了扬州盐商官儒兴建园林的热潮。18世纪初，瘦西湖水系由南至北先后建有影园、员园、冶春园、依园、卞园、贺园等八大名园。这八大名园都以其巧妙的造园手法闻名于世。

乾隆年间（1736—1795）的瘦西湖沿岸呈现出鼎盛的局面。在康熙年间所建八大名园的基础上，盐商们陆续在沿湖两岸建园，随形得景，互相因借，增荣饰观，两岸楼台画舫，十里不断。整个瘦西湖水系逐渐成为湖上园林胜地，供乾隆皇帝"品题湖山，流连风景"。大大小小60余座园林分布于从北门城外的"双宁"至蜀冈脚下，楼台不断，园林密集，几无一寸隙地，展现出"两堤花柳全依水，一路楼台直到山"的壮观景象。

这时的湖上园林景观之胜，正如乾隆二十八年（1763）就聘于扬州的沈复（著有《浮生六记》）所赞："阆苑瑶池，琼楼玉宇，谅不过如此。"

瘦西湖的湖上园林，最迟在乾隆三十年（1765）已建有"卷石洞天""西园曲水""虹桥览胜""冶春诗社""长堤春柳""荷浦熏风""碧玉交流""四桥烟雨""春台明月""白塔晴云""三过留踪""蜀冈晚照""万松叠翠""花屿双泉""双峰云栈""山亭野眺""临水红霞""绿稻香来""竹楼小市""平冈艳雪"二十景。至乾隆三十一年（1766）左右，湖上复增"绿杨城郭""香海慈云""梅岭春深""水云胜概"四景，共二十四处，所以有"二十四景"之称。

近现代的蜀冈瘦西湖景观与扬州城共同经历了痛苦的动荡与最终的和平，破坏与重建的阵痛也成为扬州近现代史的独特见证。"冶春诗社""绿杨城郭"等部分二十四景中的经典景观在历史的长河中逐渐消殒，徐园、凫庄等一批新建景观随之诞生。在鼎盛时期的蜀冈瘦西湖文化景观基础上，历经多次修缮、复建、新建活动，以一幅酣畅淋漓的山水长卷姿态展示在世人面前。

第二节　三面临湖的钓鱼台

在瘦西湖内小金山西麓，有一长堤伸向瘦西湖腹地，长堤尽头有一方亭，三面临水。这座亭子是扬州园林经典之作，也是我国园林史上"借景""框景"艺术的代表作。

细心的游客会发现，这个亭子有两个名字：亭外檐悬挂的匾上题名"钓鱼台"（刘海粟所题），亭内的匾上则题名"吹台"（沙孟海所题）。

其实，这里原本是佳丽们吹箫弹琴之地，故得名"吹台"。可是自从乾隆皇帝到这儿钓了一回鱼后，这里就改名为"钓鱼台"了。

相传当年乾隆爷乘坐龙舟，一路沉迷于"两堤花柳全依水，一路楼台直到山"之胜景，船至吹台时，游兴正浓

钓鱼台远景

钓鱼台之夜

钓鱼台框景

的乾隆爷忽然起了垂钓的兴致，于是立即有人送上了鱼竿。可是这湖里的鱼有眼不识乾隆，偏偏不听话，乾隆爷钓了半天，愣是没钓上一条鱼，闲情雅致自然大打折扣，这下可把陪同的扬州盐商给急坏了。他们急中生智，当即悄悄挑选几个水性好的水手带着活鱼潜入湖底，举着荷叶，依靠荷茎来换气。岸上乾隆爷鱼竿一落，下面的水手赶紧把鱼儿送上钩。鱼儿终于上钩了，乾隆爷自然龙颜大悦，盐商们如释重负，只是苦了潜在湖底的水手们。后来，这吹台就有了更有情调的名字：钓鱼台。

国内名为"钓鱼台"的景点有很多，除了钓鱼台国宾馆的那个地球人都知道的钓鱼台，比较有名的还有陕西咸阳渭水之滨姜太公的钓鱼台、山东濮水边庄子的钓鱼台、淮安韩信的钓鱼台。

扬州的钓鱼台，是其中体量最小却是名声最响的一个。在瘦西湖游玩的客人，没有不在钓鱼台前留影的。

由长堤入钓鱼台，首先映入眼帘的是一副楹联："浩歌向兰渚，把钓待秋风。"此对联乃著名书法家、国学大师启功先生所题。不过有趣的是：这副楹联并非出自一人之作，上联"浩歌向兰渚"乃唐朝诗人徐彦伯的名句，而"把钓待秋风"则是诗圣杜甫的佳句了。

钓鱼台临湖三面均设计成圆洞，台前湖面广阔，与对岸莲性寺的白塔、正前方的五亭桥成鼎足状，一洞衔桥、一洞衔塔，把远处的景物收入洞内，构成一幅优美动人的图画，整个景色宛如一幅美妙绝伦的山水画框。

钓鱼台是我国古典园林建筑中"借景""框景"手法的巅峰之作。其实整个瘦西湖就是"借景"的杰作，"借取西湖一角，堪夸其瘦；移来金山半点，何惜乎小"。时时让人感到"可意会不可言传"的妙境。

虽然瘦西湖是无处不成景、有水皆入画，但在钓鱼台前留下一张兼顾白塔和五亭桥的照片却是能佐证你"下扬州"的最有力的证明。

第三节　盐商一夜堆白塔

法海寺白塔建于清乾隆年间，光绪初年重修，1949年后多次维修。1965年大修，加固塔身；1984年再修。塔为砖砌，系喇嘛塔，因塔身洁白，故名。塔建于方形台基上，通高约 25.75 米，台基正中有砖雕须弥座，座上为宝瓶形塔身，中有佛龛，其上是 13 层塔刹，刹上置铜葫芦顶。2006 年白塔被列为全国重点文物保护单位。

白塔属于覆钵式塔，是藏传佛教（又称喇嘛教、密宗）的一种独特的建筑形式，其流传地集中在中国藏族地区（藏、青、川、甘、滇），在江南地区较为少见。据专家研究统计，长江两岸建设的喇嘛塔，还有武昌胜像宝塔、镇江昭关过街塔。扬州法海寺白塔是最大的。

法海寺是一座信奉禅宗的寺庙，却建喇嘛塔，这是有缘由的。在清代，藏传佛教颇受统治者青睐，特别是乾隆皇帝非常信奉藏传佛教，曾奉三世章嘉活佛为师，章嘉活佛为他灌顶说法。因此，扬州白塔的建造客观上促进了藏传佛教在南方特别是江南地区的传播。

白塔建于清代乾隆年间，因为它是模仿北京北海中的喇嘛塔而建的，所以又叫作"小喇嘛塔"。在乾隆皇帝下江南的时候，白塔已经是湖中一景，叫作"白塔晴云"。但是，这"白塔晴云"一景，容易望文生义，引起误解，以为就是指的白塔。其实，《扬州画舫录》卷十四说得再明白不过了："'白塔晴云'在莲花桥北岸，上有奇峰壁立，峰石平处刻'白塔晴云'四字。"可见，"白塔"是在五亭桥南岸，而"白塔晴云"乃是在五亭桥北岸的一个景区。名称的含义，是说游人在北岸，可以观赏到南岸高耸的白塔和流动的晴云。看塔的地方，必须离塔有一段距离，才能领略塔的雄姿。

有关白塔的奇闻逸事到晚清才渐渐流传开来。传说乾隆皇帝游扬州时，来到瘦西湖，朝四面一看，叹息道："这里很像京城中的北海，可惜只差一座白塔。"当时接待皇帝的一位大盐商听到了，连忙用重金贿赂皇帝身边的随从，请他绘出京城白塔的形状，连夜赶造。第二天，乾隆皇帝又游瘦西湖，来到昨天经过的地方，忽然见到一座白塔巍然矗立在眼前，大吃一惊。当左右的人将扬州盐商连夜建塔的事告诉皇帝时，乾隆感叹道："盐商之财力伟哉！"

当时接待皇帝的江姓盐商，相传就是大名鼎鼎的江春。

白塔旧景

白塔晴云

树林掩映的白塔

江春号鹤亭，原籍徽州，在扬州三代行盐。他和乾隆的关系很好，乾隆到金山游玩，曾让江春陪行，还把自己佩戴的荷包赠送给他。乾隆在北京举办"千叟会"，特地把江春弟兄都请到北京去。江春的家园康山草堂，在今天的康山街一带。乾隆两次到康山草堂游览，并且两次赋诗，诗中有"爱他梅竹秀而野，致我吟情静以偿"之句。

可惜的是，现在白塔仍在，江家的康山草堂却灰飞烟灭，无迹可寻了。"一夜造白塔"的故事虽然无所考究，但却流传至今。

第四节　赏月佳处五亭桥

瘦西湖的名字，是清代钱塘（今杭州）诗人汪沆起的，他的诗"也是销金一锅子，故应唤作瘦西湖"很早就指出了扬州的富庶。"销金锅"出自周密的《武林旧事》："西湖天下景，朝昏晴雨，四序总宜，杭人亦无时而不游……日糜金钱，靡有纪极，故杭谚有'销金锅'之号。"

瘦西湖本来叫作"保障湖"。乾隆年间，湖心淤塞，扬州的盐商们便出资疏浚，并在两岸兴造了许多亭台楼阁。

一天，三位盐商到湖上游宴，他们觉得保障湖风景不比杭州的西湖差，可叫"保障湖"不好听。天下叫西湖的地方多的是，我们这个湖也在城西，不如也用西湖，但是总要和别的地方有所区别，就商量着在"西湖"的前面加个字。他们三人苦思冥想，想到了什么"小西湖""长西湖""金西湖""银西湖""绿西湖""蓝西湖""美西湖""俏西湖"……没有一个中意！邻座有位书生，一直在听他们争论，看着他们笑。盐商们见了，就说：看样子旁边那位是个有才学的人，我们何不请教请教他呢？于是盐商去招呼书生。

这位叫汪沆的书生说："扬州的这个湖，是可以与杭州的西湖相比，而清瘦过之。依我之见，称'瘦西湖'可也。"从此，"瘦西湖"的名声就传开了。

让我们走到瘦西湖中心——五亭桥，了解一下扬州建筑的瑰丽与壮美。

我国桥梁专家茅以升先生说过，古典建筑的桥梁中，最古老的桥是赵州桥，最雄伟的桥是卢沟桥，最美丽的桥是五亭桥。

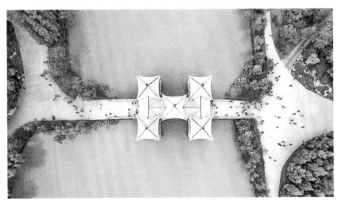

央视航拍瘦西湖五亭桥

五亭桥春色

节日中的五亭桥

五亭桥为清代建造，是扬州盐商为迎奉乾隆临幸而建。这处景观借鉴了北京北海公园的五龙亭之景。扬州没有北海的开阔水面，当然无法把五龙亭照搬，但聪明的工匠别出蹊径，将亭、桥结合，形成亭桥，分之为五亭、聚之为一桥，下为桥、上为亭，别具一番情趣。这种结合实为不易，因桥梁跨度为55.5米，下面是12个大块青石砌成的桥墩，形成"工"字形的桥基，两端为宽阔的石阶。按说这样的石质、这样的桥基给人的感觉是厚重有力的，完全是一种壮美，奇就奇在桥上建有五亭，形成亭廊。中亭瓦顶重檐，四角攒尖顶；翼角四亭单檐，亭挑四角，檐牙高啄。亭上有宝顶，四角是风铃，亭内图案绘制精巧，油漆红柱，金黄瓦顶。试问：如果不看下部，不就是典型的江南风亭？完全是一种秀美。桥亭秀、桥基雄，两者为何能配置和谐呢？这里关键是如何把桥基建得纤巧，与桥亭比例适当、配置和谐。

五亭桥创建于乾隆丁丑（1757）。《扬州画舫录》卷十三中记载："莲花桥在莲花埂，跨保障湖……上置五亭，下列四翼洞，正侧凡十有五，月满时每洞各衔一月，金色荡漾。乾隆丁丑，高御史创建。"至于建造莲花桥的目的，据《扬州画舫录》载："乾隆二十二年，高御史开莲花埂新河抵平山堂，两岸皆建名园。"由此看来，莲花桥是为了开通至平山堂的水上御道而连接南北湖岸的交通而建。因为承担了接驾功能，五亭桥拥有了南方亭桥少有的壮美与气度，亭瓦采用皇帝行宫的黄琉璃瓦，"金碧丹青，备极华丽"。

五亭桥是扬州人引以为豪的城标，还是扬州城里最令人津津乐道的赏月佳地。五亭桥一共有 15 个桥洞，这 15 个桥洞，洞洞相连、洞洞相通。相传，八月十五的夜晚，划船到五亭桥下，在五亭桥下的 15 个桥洞里都可见到一轮圆月。更有传言说，站在五亭桥不远处的小金山里，在月圆之夜可以看到 16 个月亮，水中 15 个、天上 1 个。《扬州画舫录》中有这样一段记载："每当清风月满之时，每洞各衔一月。金色荡漾，众月争辉，莫可名状。"《望江南百调》亦云："扬州好，高跨五亭桥，面面清波涵月影，头头空洞过云桡，夜听玉人箫。" 16 个月亮，已成了五亭桥中秋赏月的最大看点。

第五节　二十四桥是否真的有 24 座？

唐代诗人杜牧在扬州度过了一段放荡的青春生活，除了给今人留下了美文余韵、美人余香，更留下了一个悬疑千古的谜题！

他写了一首诗《寄扬州韩绰判官》：

青山隐隐水迢迢，
秋尽江南草未凋。
二十四桥明月夜，

玉人何处教吹箫。

近百年来，围绕诗中"二十四桥"的争议不断，这是指一座桥呢，还是指24座桥？或者另有深意。扬州文化学者韦明铧检索那些历朝历代留下的关于扬州的诗词文章，大体将其归纳为这样几种：

一桥说。最有力的佐证莫过于白石道人姜夔的那首著名的《扬州慢·淮左名都》："二十四桥仍在，波心荡，冷月无声。念桥边红药，年年知为谁生！"细细品味词中意境，当指一座桥无疑。与白石道人同处宋代的另外几位诗人，他们描写的二十四桥，亦可认为是指一座桥。如韩琦的"二十四桥千步柳，春风十里上珠帘"、赵公豫的"桥在大业间，今日已倾圮"、吴文英的"二十四桥南北，罗存香分"等。

清初的历史学家谈迁在其日记《北游录·纪程》中记载了寻访"二十四桥"的经过，还为此赋诗一首："斜阳古道接轮蹄，明月扶疏万柳西。桥上行人桥下水，落花尚自怨香泥。"不难看出，他是将"二十四桥"看作一座桥的。

24座桥说。这一看法最开始由北宋沈括提出。沈括作为我国北宋时期杰出的科学家，以科学的方法、务实的态度，在其传世名著《梦溪笔谈》之《补笔谈》中，对扬州的24座桥逐一进行了落实，详细记载了24座桥的桥名和地理位置。但有人指出，沈括列举出的桥，实际只有

23座，其中下马桥出现2次。对一座规模并不太大的城市来说，有两座桥异地同名，可能性似乎不大。文中的2座下马桥，当是指同一座桥。因此，沈括的这一说法并不能让人信服，姑且存疑。

南宋王象之在《舆地纪胜》中记述道："二十四桥，隋置，并以城门坊市为名。后韩令坤省筑州城，分布阡陌，别立桥梁，所谓二十四桥者，或存或亡，不可得而考。"

编号说。有人认为，二十四桥是扬州城里编号为"二十四"的一座桥。古代诗歌中常常出现编号桥梁，比如杜甫的诗句"不识南塘路，今知第五桥"、姜夔的诗句"曲终过尽松陵路，回首烟波十四桥"等。而在关于扬州的诗词中，此类的例子也确实不少，如唐代诗人施肩吾的诗："不知暗数春游处，偏忆扬州第几桥？"张乔《寄扬州故人》："月明记得相寻处，城锁东风十五桥。"明人林章《送人诗》："不知今夜秦淮水，送到扬州第几桥？"清代"扬州八怪"之一汪士慎的友人姚世钰也有"记取扬州郭，寻君第几桥"的诗句。这样的说法只是一种推测，或许当时的扬州有对桥梁进行编号的做法，但要说二十四桥是编号"二十四"的桥还需要直接的证据。

泛指说。中国古代文化中对数字有一种常见的虚指、泛指的用法，如"三生有幸""救人一命胜造七级浮屠""九层之台，起于垒土""三百六十行""七十二变""弱水三千"等，这里面的数字并非确指。那么，二十四桥是不是也用来泛指扬州的桥梁之多呢？还是有这种可能的。

几种说法，各有其道理，但都没有压倒对方的说服力，谁也无法推翻另一方的观点，因此二十四桥之谜也就一直无从定论。身世的悬疑未决并不影响人们对二十四桥赋予

二十四桥景区

更多绮丽的想象。1986年，国家和地方政府拨款246万元，按《扬州画舫录》的记载和故宫博物院珍藏的扬州著名画师袁耀所绘的《邗上八景·春台明月》册页、乾隆《南巡盛典图》等有关史料，结合地形地貌现状，设计恢复方案，

月夜下的二十四桥

于 1987 年 10 月动工兴建。景区占地约 7 万平方米，为一组古典园林建筑群，包括新建的二十四桥、玲珑花界、熙春台、十字阁、重檐亭、九曲桥，后又续建了望春楼、栈桥、静香书屋等。作为景区焦点的二十四桥为单拱石桥，汉白玉栏杆，如玉带飘逸，似霓虹卧波。该桥长 24 米、宽 2.4 米，栏柱 24 根，台阶 24 层，似乎处处都与"二十四"对应。洁白栏板上彩云追月的浮雕，桥与水衔接处巧云状湖石堆叠，周围遍植馥郁丹桂，使人随时看到云、水、花、月。

稽古钩沉、论争聚讼暂且搁置，二十四桥毕竟是历史和文化对扬州的一个丰厚馈赠，聪明的扬州人将二十四桥重现瘦西湖，对叹古悲秋的文人雅士多少是个安慰了！

《扬州览胜录》记载："……自杜牧之诗出，二十四桥之名，由唐以来艳称海内。"可知"二十四桥"说法始自杜牧。中国文学史应该感谢他，因为自此以后，"二十四桥"就成为文人的一个意象。姜夔写了"二十四桥仍在，波心荡，冷月无声。念桥边红药，年年知为谁生"；魏源有"二分烟水一分人，廿四桥头四季春。蒲苇有声疑雨至，谁知湖雾是游尘"之叹；金农有"廿四桥边廿四风，凭栏犹忆旧江东。夕阳返照桃花渡，柳絮飞来片片红"的诗句。甚至《红楼梦》中的林黛玉，也有"春花秋月，山明水秀，二十四桥，六朝遗风"之句，吟诵扬州浪漫而又伤感的月夜。二十四桥，不管你看与不看，它都在那里。

第三章　个园

第一节　走进中国四大名园之一

1992 年 2 月 2 日《人民日报》海外版上一篇文章系统介绍了中国的诸多园林，并在文后列举了中国四大湖、中国四大名园，明确指出了扬州的个园与北京的颐和园、承德的避暑山庄和苏州的拙政园并称为中国四大名园。

2010 年，中国古建筑学泰斗、87 岁高龄的罗哲文先生来到扬州参加第四届中国·扬州世界运河名城博览会，欣然为个园题词："中国四大名园之一。"并为个园写下了长达 5 张册页的寄语。

个园之名，除了多达 60 余种的竹子外，还是一座全国独一份的藏着四季假山的古典园林。

个园园名的来历是因为园主人黄至筠性爱竹，而竹叶三片形似中国汉字"个"字，"竹"字一半即为"个"字。

民国文人王振世《扬州览胜录》说个园"池馆清幽，水木明瑟，并种竹万竿，故号个园"。清刘凤诰《个园记》

个园竹影

里专门有一段话写"竹"："主人性爱竹。盖以竹本固，君子见其本，则思树德之先沃其根；竹心虚，君子观其心，则思应用之务宏其量。至夫体直而节贞，则立身砥行之攸系者，实大且远。岂独冬青夏彩，玉润碧鲜，著斯州筱荡之美云尔哉！"既描述竹之胜景，又借竹赞扬黄至筠的君子之风。竹子姿态清雅，翠如碧玉，正直、虚心、有节，挺拔秀美，不畏霜寒，是中华民族品格和美学精神的象征。宋代大文豪苏东坡说："宁可食无肉，不可居无竹。无肉令人瘦，无竹令人俗。"表达了文人士大夫清高脱俗的雅趣。个园现有竹60余种、近2万竿，不乏稀有品种如龟甲竹、黄槽斑竹、方竹等。

　　个园最负盛名的是后花园中4座选材各异的假山。清代李斗在《扬州画舫录》中写道："杭州以湖山胜，苏州以市肆胜，扬州以园亭胜，园亭以叠石胜。"中国园林谈到叠石艺术必定会提到个园的四季假山。著名园林专家陈从周先生说过："个园以假山堆叠的精巧而出名。在建造时，就有超出扬州其他园林之上的意图，故以石斗奇，采用分峰用石的手法，号称'四季假山'，为国内唯一孤例。"陈从周先生的得意门生、同济大学教授路秉杰说："一般的园林假山着重表现山石和山本身的造型，而个园却将假山与天候气象联系起来表现，可谓是一次园林史上的创造发明。"

　　个园的独特魅力就在于其将四季美景巧妙地利用"春、

个园之山

夏、秋、冬"四座假山结合到一个空间里。以宜雨轩为中心,按顺时针布局在东西南北四处,旧时四周还有复道廊将四座假山串联起来,既相互渗透,又自成一体。游园一周,使人领悟到"春夏秋冬,如人一生,四季轮回,周而复始"的哲学境界。

春山 从住宅步入花园,正中的月洞门门额上刻着园主所书"个园"二字。门外两侧各有一个方形花坛,花坛内修竹劲挺,高出墙垣,作冲霄凌云之姿。竹丛中,插植着青绿斑驳的笋石,以"寸石生情"之态,状出"雨后春笋"之意。这幅别开生面的竹石图,点出了"春山"主题,告诉你"一段好春不忍藏,最是含情带雨竹",巧妙地传达了传统文化中的"惜春"之意。

春山

园门内外，同是春景，意境却全然不同。刚才在门外还是早春光景，到了门内，已经是渐深渐浓的大好春光了。令人惊奇的是，这种变幻，是在你不知不觉间自然而然完成的。造园者为了进一步渲染春的气息，这里所用的太湖石形态别致，酷似各种姿态的动物，以贴山、围山、点石等手法构成了一幅"十二生肖闹春图"。

正对园门有一座四面空灵的"宜雨轩"，这是当年园主接待宾客之所，为全园谋篇构局的中心，山水花木等景致的安排全是围绕宜雨轩次第展开的。

宜雨轩是四面厅，南面设落地长窗，其他三面半窗，四面有环廊，廊前雕栏，东西两边设美人靠坐凳。四季景物都绕厅而置，此时此地"人在厅中坐，景从四面来"。

夏山　走过春山，眼前绿树成荫，数株高大的广玉兰和枫杨掩映着一座苍翠欲滴的太湖石假山，湖石色泽青灰，飘逸俊秀，形姿多变，状若天上带雨的云朵，这就是夏山。中国画里有"夏云多奇峰"的意境，因为夏日天空中变幻万千的巧云多像奇异的山峰。夏山用石讲究，每一块石头都体现出"瘦、皱、漏、透、秀、丑"的赏石特点，在掇叠时又充分应用了"虽千万石而亦合成一脉络"的山水画理。所以夏山虽然变化万端，却气韵流畅。

曲桥侧立一湖石，这是个园的镇园之宝。此石修长飘逸，自下而上有三个近圆形的孔洞，像是月亮的"月"字。扬州自古有"月亮城"之称，唐代徐凝曾作诗《忆扬州》：

夏山

"天下三分明月夜，二分无赖是扬州。"遮去下面的孔洞，此石又极似汉字中的"丑"字。作家贾平凹曾就石之"丑"而说："石以丑为美，丑到极处也就美到了极处。"这石中精品是可遇而不可求的。

江南的夏日是"黄梅时节家家雨，青草池塘处处蛙"。临水处置一"蛙石"，池岸以湖石围点，曲折凸凹。池中睡莲点点，无论是淡淡的红还是淡淡的紫，都在以最轻盈的身姿点缀着夏日的苍翠，营造出一种荷塘蛙鸣的意境。

夏山之上，有一座四角小亭，名为"鹤亭"，这里是主人养鹤的地方。夏山如云，若有鹤舞其间，那可真是神仙福地了。亭前一株古柏，枝条虬曲，伸出涯际，增添了夏山的葱郁气氛。亭东有枝叶交错如盖的紫藤，藤条相互缠绕，根茎已经融为一体，仿佛历经了百年沧桑。

由夏山向东，是个园中最大体量的建筑——抱山楼（旧称栖云山馆）。楼上楼下各 7 间，南面为廊，全长45.8 米。沿长廊东行，可直达秋山。抱山楼长廊为复道廊，游人无论在上或在下都可漫步廊道，在浑然不觉中从夏走到了秋，所以此廊亦被戏称为"时空隧道"，成了世界上最长的长廊了。

从抱山楼廊东行可直至秋山中峰山巅的拂云亭，亭名"拂云"，取"高可拂云"之意。这里是园内最高的建筑，人立其中俯瞰全园，古木、假山、池水、建筑尽入眼底。

楼下长廊墙壁上镶嵌有园主人亲笔所绘的扇面石刻，以及清代文士刘凤诰为园主人所撰写的《个园记》石刻。

秋山　如果说春山是开篇，夏山是铺展，秋山则是高潮。秋山用黄石叠成，那种深褐色就是秋的颜色。秋山最为精妙的是其内部山道的设计，上下盘旋，纵横交错。石屋、石桥、石梁、石洞和山中小筑融在一起，时洞时谷、时壁时崖，变幻莫测。游秋山石洞还有个口诀："明不通暗通，大不通小通，直不通曲通。"记住口诀，定会让你平添许多乐趣。

秋山山洞有一石屋，如神仙洞府。一进山洞，可以看到一个四方石桌，上置"天窗"，光线即是由此洒落，在此对弈，自有一番天然野趣。最为叫绝的是石桌之上的方形天窗，每到晚上，月光从方洞中倾泻而入，洒满了整个屋子。这天窗方洞之上还种了棵桂树，中秋时节，桂花从映着月光的天窗中缓缓飘落，使人不禁想起了唐代诗人宋之问的诗句："桂子月中落，天香云外飘。"石桌东是一石床，床头灯台、床边踏脚一应俱全。石床对面为石窗，窗下置石几，两侧设石凳。

窗外是一个小小的庭院，四壁皆山。在石屋外可见两座汉白玉栏杆的小桥，高出头顶。人立桥上，则上对绝壁、下临深潭，而此时人在桥下，又大有人立舟上、舟行水面的感觉。这里虽然没有一勺真水，但又无处不具水的意境。

秋山

这种造景手法，园林上称"旱山水意"。身临其境，虽在平地，却仿佛置身于黄山之中，这就是古代人叠石的最高境界。

秋山是四季假山中规模最大的一座山，外形峻峭依云，绵延不绝，分西、中、南三峰，中为主峰，西、南两峰为辅。三者之间宾主照应，参差掩映，形成起伏绵延的山势。中峰最为险峻，突兀惊人，峰顶叠石仿佛余工未了，更是耐人寻味。秋山的每块石头都是"横看成岭侧成峰，远近高低各不同"，颇有黄山意蕴。植物以枫为最多，一经秋霜，叶尽深红，人行其间，仿佛置身于秋日山林。

秋山南峰有一山间小筑，面西而建，上悬一匾题曰"住秋阁"。人都是怕秋日萧瑟，要设计留春的，主人何事要在此留住秋天？原来黄至筠少时境遇坎坷，中年是他事业成功、人生得意的阶段，人生的秋天在他来讲真是一个金色的季节。春华不如秋实，春日虽有繁花似锦，但只有秋日的累累硕果，才会让人深切地体会到成功的喜悦。然而最美的时光也总是走得最急，无论他对秋有着怎样的不舍，时间也不会做片刻的停留。

秋山与冬山间有楼名曰"丛书楼"，相传为公子读书之所。楼前有一小院落，植梧桐一株，主干已斜出屋檐，颇有些"寂寞梧桐，深院锁清秋"的意味。

冬山　冬山用宣石以掇山、贴山、围山三种手法垒叠而成，是园中占地面积最小的一组假山，却是构思最为精巧、独特，最富创意的一景。它分别从色、形、声三个角度来勾画冬的意境，又以植物、建筑来烘托冬的气息。哪怕是酷暑盛夏，流连其间，也觉得寒气逼人。

宣石亦称雪石，来自安徽的宣城，体态圆浑，其主要成分是石英，石英在阳光的直射下熠熠闪光，但在背光之下却是皑皑露白，仿佛冬日残雪未消的样子，山脚又以白矾石铺成冰裂纹的形状来加深寒冬气象。

冬山上有拳石无数，像小狮子嬉戏其间，不待雪飘已构成一幅"群狮戏雪图"；若有白雪素裹，雪花装点，又成一幅"雪压百狮图"。

冬山栽植三株蜡梅和一棵老榆树，三株蜡梅都是扬州名品，其中一株是"冬前素"，花期最早。老榆树寓意岁

冬山

末"连年有余（榆）"的意思，可谓是神来之笔。

"形"和"色"都是可以看到的，也是造园者惯用的表现手法，但怎么才能把转瞬即逝的声音应用到造园之中呢？造园者在南墙之上设24个圆形孔洞，代表了一年24个节气，这些孔洞被人称为"风音洞"。开洞之墙，即冬山偎依之处，墙高壁厚，是一条狭长的通道，风从高墙窄巷之间穿行，突然间得到加速，发出北风呼啸的声音，奏响了冬的乐章，给人以寒风料峭的感觉。北面有一厅悬"透风漏月"匾，原来这里是主人陪二三知己围炉赏雪，与风月相会之所！

冬，是四季的终篇，但它并不意味着结束。冬山的西墙之上有两个圆形的漏窗，透过漏窗，春山的石笋重又映入眼帘，让人立刻产生"大地回春，周而复始"的联想，令人感叹设计者的奇思妙想，让你忍不住为它喝彩！至此，你是否也会在心里轻轻地叹一声："冬天到了，春天还会远吗？"

第二节　考核"全优"的个园主人

2013年11月15日，扬州个园与河北赵县赵州桥缔结为友好景区。两地有此因缘，皆因个园主人黄至筠父亲黄凝曾任赵州知州，黄至筠本人就出生在赵州（今河北赵县）。

"个园者，本寿芝园旧址，主人辟而新之。"（刘凤诰《个园记》）个园的前身其实是寿芝园旧址，黄至筠的父亲黄凝自乾隆年间开始在东关街街南书屋对面陆续收购

《个园记》拓片

房屋，构建宅第。到了黄至筠家业鼎盛时期，购买街南书屋之后，在所居住宅北部建造了著名的个园。

黄至筠之父黄凝，字幼安，号稼堂。祖先自南宋迁徙至杭州，一直居住在仁和县，就是今天的杭州下城区黄醋园一带，以经商为业。这个家族的始祖黄香可是有名的二十四孝之一，《三字经》里"香九龄，能温席。孝于亲，所当执"，说的就是他。

黄凝生于乾隆二年（1737），家里做点小生意却不富裕，自幼苦读却当不了官，后来往扬州经商，逐渐富足，在东关街街南书屋对面购置大宅。黄凝性格豪爽，乐善好施，曾在福缘庵后面购买了50亩地用作义冢，埋葬穷苦人家的尸体。一日，黄凝灯下读书，在读到《汉书·宁成传》时，掩卷长叹："我身无分文，只身来到扬州，能有今日，我之所学如果不报效国家，还有什么用呢？"于是，黄凝入赀捐官，于乾隆四十四年（1779）五月任直隶赵州知州。

黄凝上任几个月，就把整个赵州搞得稳稳当当、服服帖帖。他举止干练娴熟，就像官场老手，令上司刮目相看。他待百姓亲如骨肉，尤其体恤贫苦之人；而对土豪恶棍，必治之于法，赵州地面上的恶少、地痞很快就销声匿迹了。百姓将黄凝比作汉代的循吏能臣召存信、杜诗之辈，敬若神祇。

任赵州知州期间，乾隆皇帝两次巡幸，都由他置办行宫陈设。一次为乾隆四十六年（1781），乾隆巡幸五台山，

天下闻名的赵州桥，留下了黄凝辛劳勤政的足迹

驻跸众春园行宫；另一次为乾隆四十九年（1784），乾隆最后一次南巡，往返均驻跸河间府红杏园行宫。黄凝所置办的陈设，非常合乎皇帝的意思，屡次受到乾隆的赏赐与直隶总督的称赞。黄凝因政绩突出，被直隶总督"委署顺德府知府"。这个顺德府不是广东的顺德，而是今天河北省的邢台市，与赵州相邻。

乾隆五十年（1785）前后，黄凝通过了吏部3年一次的全面考核，获得"卓异"等次以后，被首先引荐给乾隆皇帝，乾隆特授其江西抚州府知府。乾隆五十年五月，乾隆接见了黄凝，对黄凝赞许有加，任命黄凝即前往抚州赴任。

黄凝在抚州任上仅一年时间，突发急病，于乾隆五十一年（1786）去世，诰授中宪大夫，诰赠资政大夫、正二品顶戴，钦赐盐运使司盐运使，即选道加四级。黄凝在世时，与当时著名的文人金兆燕交好，死后，金兆燕含悲写下了《黄稼堂太守传》。

黄凝有五子，至慧、至筠、至廉、至馥、至端。在赴赵州任前，他曾将家中资产交由大盐商江春的管家汪雪礓经营。黄凝去世之后，其夫人率全家仍居扬州。黄家诸兄弟在经营盐业时遇到难题，也常求教于汪雪礓，这也为黄至筠以后能担当两淮盐总埋下了伏笔。

第三节　廉洁奉公掌盐政

黄至筠是黄凝的二公子，字韵芬，又字个园。俗话说"虎父无犬子"。黄至筠纵横两淮盐业近50年，自有过人之能。清人汪鋆在《扬州画苑录》中说他"幼即以盐策名闻天下，能断大事，肩艰巨，为两淮之冠者垂五十年"。

黄至筠生于乾隆三十五年（1770），父亲死后，大哥至慧独吞了父亲留下的100万两银子，只给黄至筠3万两银子，让他自谋生路，结果黄至筠初战失利，连本钱都被人骗去了。19岁的黄至筠独自骑着毛驴，千里迢迢前往北京，去求见父亲的好友、当时担任直隶总督的梁肯堂。梁肯堂见黄至筠一表人才、气度不凡，非常高兴，他不仅把黄至筠介绍给自己的学生、两淮巡盐御史恒宁，还把自己的孙女许配给了黄至筠。

黄至筠回到扬州，通过自己过人的才智，加上直隶总督和两淮巡盐御史的关照和提携，在商机万变之中左右逢源，历经三度起落，凭借过人的毅力和高超的经商能力，坐稳了两淮盐商商总的位置。

这时，正是嘉庆元年（1796），湖北、四川、陕西三省爆发了大规模的白莲教农民起义，黄至筠对时任两淮盐政的征瑞说："汉朝的时候，瞧不起商人，做商人的子子孙孙都不能做官。只有我大清朝的恩赐非常周详，现在西陲有事，我们这些依靠国家食盐专卖富裕起来的盐商们，如果不佐军助边，岂不是要让世人笑话吗？"于是，黄至

19 岁的黄至筠骑驴进京寻找前程

黄至筠作花鸟扇面石刻拓片

筠带头请求用自己的钱财购买军需装备，自己募集运输队伍将这些装备送往前线，得到了嘉庆皇帝的嘉许。

嘉庆三年（1798），黄河和淮河同时决口，堵口工程需要丁夫万人，各种竹木材料数亿万计，但此时的国家财政收入已经到了入不敷出的地步。于是，"治河使者及大司农上言，请召富民出财者，予以职"。嘉庆初年的两次捐款报效，总共让黄至筠花费了数十万两银子，可见此时黄至筠的财力已经非同一般。当然，黄至筠的这数十万两银子也不是白花的，捐款以后，龙颜大悦，钦赐盐运使司盐运使、正二品顶戴，"长子某、次子䅿皆为部郎"。同时，朝廷还邀请他进京祝寿，赏圆明园听戏。于是黄至筠成为炙手可热的红顶商人。

到了道光年间，盐政改制，商总的作用和地位大不如前，但扬州盐商仍奉黄至筠为商界领袖，重大事项由他决策。黄至筠也不负众望，积极出谋献策，将扬州盐界的局面维持了一段时间。然而，两淮盐业这时候确实到了积弊深重的地步，私盐泛滥、盐税流失、盐商腐败，黄至筠在道光十八年（1838）去世后，扬州盐业一落千丈。

黄至筠担任两淮盐商商总有50年之久，除乾隆年间的大盐商江春外，别无他人可与之比肩。上至盐政，下至盐商，都要看他的动静行事。黄至筠的官场风云和生活逸事，成为扬州城三教九流茶余饭后谈论的话题。

第四节 人才辈出的黄家后裔

黄至筠作为一名经商奇才，同时也是个有文化修养的儒商，在书画艺术方面有着很深的造诣，个园抱山楼下的嵌壁石刻上，还存有他画的一幅扇面。个园的许多楹联，如"传家无别法非耕即读，裕后有良图惟勤与俭""咬定几句有用书可忘饮食，养成数竿新生竹直似儿孙"等，都表现了耕读传家、崇文尚德的传统思想。他非常重视子女的教育。根据《端绮集》的记载：黄至筠每天晚上，不管再忙，都要亲自查问儿孙们的功课，如果不够精通，黄至筠一定会让儿子的生母陪着到书房里，请老师再讲一遍，一直到全部融会贯通，母子方能就寝。二十年如一日，从未间断。在这样的氛围里，黄至筠的五个儿子都是饱读诗书，有的甚至在学术上作出了重要的贡献，被载入史册。

长子黄锡庆，字小园或子余，号铁庵。黄锡庆自幼读书刻苦。据说，有一次，扬州的一位名士到黄家和孩子们的老师谈话，偶然涉及《汉书》中的一个问题不甚明了，老师就让仅仅十来岁的黄锡庆来回答，锡庆熟背如流，解释详尽，这位名士尴尬地出来后，逢人就说"黄氏有佳儿，勿轻之也"。道光十三年（1833）钦赐举人，候选郎中，军功候选知府，赏戴蓝翎、广东候补道，钦赐江北军务差委，加盐运使衔。黄锡庆成年时，是黄氏家族最鼎盛的时期。父亲让他自立门户，主持街南书屋。他为人慷慨，有君子之风。道光十八年（1838），黄至筠辞世，外主盐务、内管家业的重任就落在了黄锡庆身上。咸丰年间,太平军攻打扬州,家渐破落。咸丰十年(1860),赴广东任,惜客死他乡。他工书画,据汪鋆《扬州画苑录》载:"取法南田(恽寿平),绰有见地。"善填词,著有《中庸述义》二卷、《铁庵词甲乙稿》二卷等。

次子黄锡麟(1809—1853),又名奭,字右原。钦赐举人、刑部浙江司郎中、江西司行走军功随带加三级。黄奭是黄家的骄傲,《清史列传》说他小时候很聪明,虽然出身商人家庭,但喜爱读书学习几乎到了痴迷的状态,完全不同于其他盐商子弟崇尚奢华、不学无术。他曾以重礼聘请"扬州学派"的著名学者江藩,"馆其家四年",也

汉学堂悬挂的"咬定几句有用书可忘饮食,养成数竿新生竹直似儿孙"对联

就是说江藩做了黄奭4年的家庭教师。黄奭一生师友甚多，除了江藩，还曾拜学者曾燠、吴鼒、阮文藻、吴杰等为师，就连号称“三朝阁老、九省疆臣”的阮元，亦承认黄奭是自己的“门下士”。为师者必有所长，黄奭从刘凤诰学制艺、从吴兰雪学诗、从王城学书画篆刻、从陈逢衡学校雠，足见黄奭学养之深厚。黄奭致力于辑佚，博览群籍，潜心钻研，成果甚巨。阮元称其“勤博”，与马国翰一起被梁启超誉为清代“辑佚两大家”。主要著作有《近思录集说》《胪云集》《清颂堂丛书》《汉学堂丛书》《汉学堂知足斋丛书》等，共计数百卷。

蔗根集

清美堂刊

蔗根集卷十七

甘泉黃錫麒也園

沈雲英秦良玉兩女將軍歌

雌蜺連蜷陣雲紫塞上威名屬女子道州城頭明妖星
將軍一呼萬人起錦繖繡幰乘勝來長鎗大戟何勇哉
風沙漠漠天色昏天助將軍成義戰銳司徒與壁司徒
一家血淚招魂奠吏有桃花馬上人石砫土司身姓秦
智勇忠義天所賦不畏艱苦清邊塵馬支勇奪天山色
長戈怒捕豺狼穴麒麟閣上寫蛾眉此是人間最豪傑
多少男兒遠荷戈凶鋒惡焰誰能那殺勇乃出在巾幗

三子黄锡麒编《蔗根集》书影

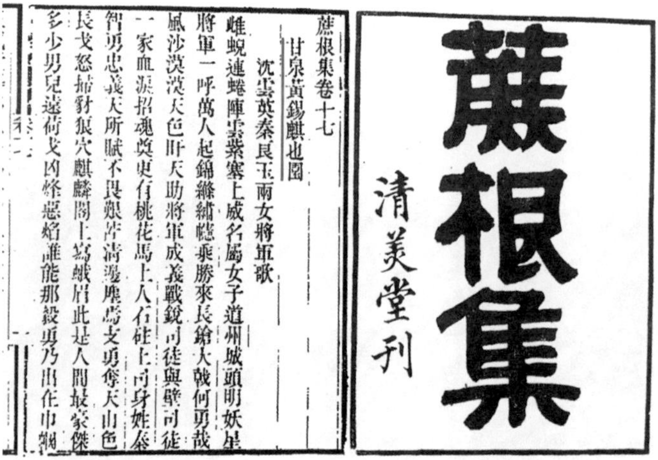

三子黄锡麒，又名式燕，字也园。太学生、福建候补同知、军功赏知府衔，改发河南候补同知。锡麒长兄锡庆、弟锡禧皆善倚声而享誉江浙词坛。他独与填词无缘，却钟情写诗，并热衷于辑诗，编有《蔗根集》十七卷，有道光十六年（1836）清美堂刻本。

四子黄锡康，四品升衔尽先选用同知。

五子黄锡禧，字子鸿，一字勺园，号鸿道人、涵青阁主。官同知。董玉书《芜城怀旧录》中说："锡禧尚风雅，长于诗词文字。"其词清丽婉约，淡然天成，著有《栖云山馆词存》。曾师从篆刻大家吴熙载。吴氏博学通达，集各种才艺于一身，是道咸年间享誉大江南北的奇才。黄锡禧多才多艺，深受吴熙载的指教和影响。黄锡禧是黄家最小的儿子，也是黄家最后一个离开祖屋的人。他的经历好像《红楼梦》的作者曹雪芹，历经家业由盛而衰的全过程，晚年寓居泰州。从少时的锦衣玉食到晚年的寄居他乡，其心路历程怕是旁人难以想象的。

黄至筠的孙辈，同样继承了祖辈父辈的儒雅风范。黄奭有黄浚、黄澧两个儿子，都能世其家学。长子黄浚，字辉山，著有《燕支和泪诗草》《杂花生树斋词存》。次子黄澧，字兰叔，一字叔符，著有《读父书斋诗草》。黄锡禧的儿子黄沛，号艾生，自幼习医，医术高明，在上海悬壶，有"一指神针"之称。

值得一提的是，著名电影演员赵丹的母亲黄秀芝也是黄氏后代。她是扬州有名的美女，黄家败落后，仍居住在个园旁边的民房里，过着清贫的生活。当赵丹的父亲赵子超在北洋军阀孙传芳部队当营长时，公馆就设在扬州东关街，赵子超和黄秀芝一见钟情，婚后在 1915 年生下赵丹。赵丹在深受戏曲等艺术熏陶的母亲的悉心培养下，艺术天赋从小便显现出来，最终成为一代传奇表演艺术家。

第四章　何园

第一节　中西合璧的"晚清第一园"

扬州古典园林中，个园与何园有"双璧"之说。个园是"中国四大名园之一"，而何园被誉为"晚清第一园"。何园建造于清光绪九年（1883），其时西风渐进，建筑手法独特多样，艺术风格上南北兼容、中西合璧，所以何园被认为是扬州大型私家园林中最后问世的一件压轴之作。

何园最早不叫何园，而叫寄啸山庄，因为园主人姓何，人们都习惯叫它何园。园子占地面积14000多平方米，建筑总面积7000多平方米，建筑部分占全园面积的50%。这样的建筑密度，对于园林来说是太大了，但人们置身于何园中，不但没有拥挤感，反觉得处处收放有度、疏密有致、小中见大、层次分明。这种效果，靠的正是造园者在建筑布局上的匠心独运、平中造奇。

何园整体区划上包含住宅、东园、西园几大部分，是私家园林的完整形态。它的各个部分既独立成章，又环环

何园之西园

何园住宅之玉绣楼

相扣、互相渗透，组成一个内外有别、居游两便、天人合一、中西合璧的人居空间，中国私家园林的审美需求和实用功能在这里得到了完美结合。

何园大门东开，进入便是东园。青绿的藤蔓匍匐黛瓦间，自粉墙垂挂下来，好似在白宣纸上泼了墨、抹了翠。穿过"寄啸山庄"圆形门洞，一墙之内清风自生、翠烟自留，宛若走进了一幅旖旎多姿的人文长卷。在东园所有建筑中，最为抢眼的当数船厅，整个大厅形似船舫状，四周地铺以鹅卵石、瓦片，水波纹形，像一座巨大的雕栏画舫临水而泊。倘若把人生比作一艘乘风破浪的船，那么，此刻的何芷舠已然停泊靠岸。

西园是何园精心打造的山水空间。这里层楼幽谷，廊道迂回，山环水绕，古木参天，月白风清，鸟语花香，交织成天人合一的立体画卷。来到这里，让人不由自主地生出一种幻觉，好像误入了传说中的世外桃源、神仙洞府。

西园池中有水心亭，池北是汇胜楼，楼上收藏古今典籍、名家字画，楼下蝴蝶厅是主人的宴客场所。池西桂花厅坐落在山石桂树丛中。

隔墙之南便是玉绣楼，这是何家老小生活起居之所。曾担任驻法国公使的何老爷受洋务派思想影响，住宅区处处洋溢着浓郁的欧式风情和西洋风格：西欧百叶门窗、日式拉门、法式壁炉、留声机、洋钢琴……二楼过道间安有一个镂空木桶，仆人买了宵夜，可拉动绳子将点心传递上去供公子小姐享用，其功用称得上是古时候的"电梯"。

何家花园有"大花园""小花园"之说。东园西园组成大花园，而小花园，指的是片石山房。玉绣楼南甬道出来，东南方向，就是别有味道的片石山房。

第二节　何园四个"天下第一"

清光绪九年（1883），49岁的何芷舠挂冠归隐扬州老家，在古运河畔的徐凝门街购置了一块地，于深墙大院中起楼造亭筑山。何芷舠当时的心态大抵与陶渊明差不多，因此，取陶氏《归去来兮辞》"倚南窗以寄傲、登东皋以舒啸"中"寄啸"二字冠以园名。

我们今天穿梭于迷宫般的"寄啸山庄"，常常迷失又很快柳暗花明，这种奇异的游览体验，来自何园精妙绝伦的复道回廊。1500米的复道回廊将东园、西园、住宅区串联起来，使人们在任何一个角度都能总览亭台楼阁，俯瞰青山绿水，园中美景尽收眼底。上有串楼，下有走廊，贯通全园，即便恶劣天气也免受烈日雨雪之苦。这座"雏形立交桥"有衔山环水之巧、四通八达之妙，所以有了"天下第一廊"的美誉。

回廊的墙面上，镶嵌着花样繁多的什锦洞窗、水磨漏窗，海棠形、梅花状、葫芦形……均由上乘耐久的水磨青砖打磨而成。若断若连的艺术效果、似隔非隔的朦胧迷离，颇具借景生辉之趣、移步换景之妙。那一扇一扇的花窗浑

如一双双清澈的眼睛，看花落花开、霁月流云，窥睹何家
老少主人在这个园居空间里演绎人生故事。一幅幅精美绝
伦的立体画，诠释着何家130年拂却不去的光阴，"天下
第一窗"因此而雄冠天下诸园。

西园回廊包抄，厅楼环绕着一个大水池。通往水中心
的是一座四角飞檐的凉亭，这座中国独一无二的水上戏台，
让池水也起到了良好的扩音效果，被誉为"天下第一亭"。
"四面串楼环水抱，几堆假山叹自然"，《红楼梦》《毕
昇》等百部大型电视连续剧曾在此拍摄，琼瑶力作《还珠
格格》《苍天有泪》《青青河边草》也曾在此取景。

小花园片石山房是石涛大师叠山的人间孤本，山腹藏
有两间石屋，西室半壁书屋，中室涌泉琴桌，冬暖夏凉，
不啻一个天然空调书房，由此名列"天下第一山"。

除了四个"天下第一"，何园另有一处鲜为人知的绝
妙光景：片石山房西廊壁上挂着一面方镜，站在不同角度
观赏，山池花木如一幅变幻的画卷徐徐展开，人称"镜花"；
山房对面有湖石假山，光线透过山洞口，映在水中宛如一
轮皎月，随游客脚步移动，时如圆镜、时如镰刀，池鱼穿
梭月间，瞬息月碎，光影缤纷，形成"水月"。赞美扬州
月亮的诗词多矣，"二十四桥明月""天下三分明月夜，
二分无赖是扬州"……只有何家主人，别出心裁地把月亮
请入家园，收为己有。

"天下第一廊"

"天下第一窗"

"天下第一亭"

"天下第一山"

第三节　李鸿章墓志寄哀思

　　光绪年间，江南有三大家族，分别是大臣李鸿章家族、光绪皇帝的老师孙家鼐家族、扬州何芷舠家族。三大家族互有姻亲，何芷舠娶孙家鼐的兄长之女，李鸿章之兄的女儿嫁孙家鼐的侄子。

李鸿章坐像

　　何园是用何芷舠与其父亲何俊两代人累积起来的财富所建成。1797年，何俊生于安徽望江吉水，幼时家境贫寒，但立志向学。道光壬午年（1822），何俊乡试中举，己丑年（1829）中进士，随即被选为庶吉士，任海防、海阜同知。又调办祥符大工，事成赏戴花翎。曾文正公、麟河帅庆等人先后于朝中举荐何俊，赞其品学，认为可堪大用。何俊这下就走进了道光皇帝的视野，并被提拔为广西桂林府知府。

　　何俊在江苏的10多年，恰值清政府在财政赋税制度方面推行一系列重大措施，采取了增加盐税、开征厘金，以及在金融方面增发通货等。同治年间《续纂江宁府志》高度评价了何俊，认为他在江、淮、扬等全国最富庶的地区卓有成效地增加了清政府的财政收入。

　　何俊于咸丰七年（1857）调北京后致仕，次年即

1858 年，何俊 62 岁时病逝于京。由于清廷认定何俊政绩突出，给予其正一品封典，晋封光禄大夫。何俊死的时候，苏南苏北一带，清军与太平军激战正酣，因此何俊灵柩暂厝京城达 8 年，直到同治五年（1866），太平军全军覆灭后，才得以运回江苏。同治十二年（1873），何俊被安葬于江苏句容宝华山。

这时候的李鸿章已是武英殿大学士、直隶总督，因为何、李有姻亲关系，都是官场上安

何俊画像

徽籍的望族，加之年轻时的李鸿章素来也知晓何俊在江苏的"政绩"与人品，他自称"姻愚弟"，为何俊书写了墓志铭，镌刻在何俊的墓碑上，既是彰显对何俊的评价，也有深深的怀念。

第四节　黄宾虹情留何家园

何园与黄宾虹的关系，就要谈到何园的主人何芷舠。何芷舠曾任湖北汉口等地的道台，其父何俊曾任两淮盐运使，家资丰厚，不仅修建园林，而且收藏了许多古今名家的书画。由于黄宾虹是何芷舠的长子媳妇的族叔，20多岁时，黄宾虹在家乡受到耶稣教与当地哥老会冲突事件牵连，不得不离开家乡，第一选择投奔姻亲——扬州的何芷舠。

何芷舠看到少年黄宾虹气宇轩昂，听他谈吐不凡，又是自家的亲戚，便留他住下，招待得也很热情周到。何芷舠是辞官退隐的闲人，无公务缠身，有的是时间：或与黄宾虹盘桓园中，悠游花木山水之间；或打开箱子，拿出自己历年收藏的古今名人书画给黄宾虹观赏。黄宾虹看了不住地点头叫好。何芷舠又把黄宾虹带到另一位著名收藏家程桓生家观赏收藏的书画。黄宾虹在与何、程两家的交往中受益匪浅。

黄宾虹每谈到扬州何园，必念念不忘扬州及何园对他的影响。1948年冬，黄宾虹在给弟子王伯敏的信中叙述了他20余岁初到扬州的情景，他写道："因遍访时贤所作画，先游观市肆中，俱有李育、僧莲溪习气。闻七百余人以画为业外，文人、学士近三千计，唯陈若木画双钩花卉最著名，已有狂疾，不多画，索价亦最高；次则吴让之廷扬，为包慎伯所传学。"从中可以看到，扬州及何园对

黄宾虹画像

何芷舸画像

芷虹斋

黄宾虹的影响有多深，以至几十年后，仍念念不忘。

1953年，黄宾虹在重题30岁客居邗江（今扬州）所作的题画诗时还写道："堂上娟娟竹，悠然见淡游。南风时隐几，不复梦扬州。"表达了对客居扬州何园岁月的留恋。1954年11月，黄宾虹已九十有一，他在给女弟子顾飞论画的长信中，又一次追叙他当年到扬州及何园的经历与见闻，内容与给王伯敏信中所述几乎相同。可见，扬州给他留下了不可磨灭的印象。

从现在遗存的资料看，黄宾虹与何家的交往，比一般人想象的要深得多。顾一平《黄宾虹与何园》一文记载颇详：1925年，黄宾虹曾以黄朴存之名为何芷舠之孙何适斋订立《何适斋书例》；1927年，黄宾虹又将仿古山水册页14幅赠予何适斋，如今有10幅陈列在何园"芷虹斋"陈列室，"芷虹斋"好似斋名，其实隐含着何芷舠、黄宾虹、何适斋三人的书画情缘；1935年，黄宾虹还为何芷舠曾孙女、何适斋长女何怡如书画纪念册题字，热情赞扬何怡如的人品与画品；1941年，又为何怡如代订《山水润例》；1948年，黄宾虹与同仁在上海中国画苑为何适斋、何怡如父女举办了书画展。

第五节 "何园家风"全国颂扬

何园清幽安静的西北一隅，有一栋独立的读书楼，何家大公子何声灏曾在此发奋苦读，被皇帝钦点为翰林。楼内至今仍保存着江南贡院乡试试卷、进士及第捷报。东南角何家祠堂内，游人每每驻足于此，不仅被这个家族枝繁叶茂的谱系树所吸引，更感兴趣的是陈列于此的《何氏家训》11则。家训从孝敬亲长、隆师亲友、节义勤俭、读书写字、出处进退等11个方面详尽地规范了家族成员的修身处世、待人接物之道。

何老爷在这寄啸山庄与世无争18年，年近古稀却仍壮心不已，去上海创办了教育机构，送两个孙子去美国学习法律。何世桢、何世枚兄弟学成归国后，创办了"持志大学"，实现了何老爷的兴学理想。何家大宅里，走出了留美兄弟博士、父女画家、姐弟院士……

中纪委网站截图

　　2016年4月，中纪委网站在首页推出了以"江苏扬州何园：祖孙翰林、兄弟博士、父女画家、姐弟院士，'晚清第一园'人才辈出"的家风家规家训专辑，这在江苏省尚属首次。朴素的"何园家风"，包含了一个家族的信念、追求、素养、品位，其实是一部循循善诱的家族教科书，凸显着一个传统家族的文化渊源、道德理想与生存智慧。

　　百余年来，何园易主，早已物是人非。漫步何园，仿佛游走在何芷舠的心灵世界。何园之魅力，倒不在于四个"天下第一"、造园艺术的妙手天工，而在于何家老爷的人格魅力：不甘同流，寄啸林泉；眼光高远，培养子孙；心胸开阔，容纳西洋文化；老骥伏枥，烈士暮年，壮心不已。往昔的风光、财富、豪宅，一去不复返，然人才辈出、精英荟萃的家风族训将世代延续下去。

《何氏家训》局部

第五章　平山堂·西园

第一节　平山堂上风流在

扬州大明寺是驰名中外的古刹之一，大明寺大雄宝殿的西南侧为平山堂。此堂是宋代著名政治家、文学家欧阳修因拥戴"庆历新政"被贬谪扬州太守时所建。欧公一到扬州，深深地被山水相连的蜀冈景色陶醉，随即在大明寺大雄宝殿西南侧建堂一座。大堂建成后，欧公站在堂前，感觉长江对岸的山峦就在眼前，"远山来与此堂平"，于是起名"平山堂"。

平山堂建成之后，每到夏天，欧阳修在公余之暇，常约友人前来饮酒赋诗，尽情欢乐。文人多爱酒，欧公他们饮酒的方式颇为奇特：欢聚之前，先派人去扬州东乡的邵伯湖采来荷花千朵，分插百余盆中，放在文朋诗友之间；然后让歌妓取花传客，依次摘其花瓣，谁摘到最后一片，则饮酒一杯、赋诗一首。往往乐至午夜，方载月而归，其乐无穷。原来堂前曾有欧公手植的杨柳，时人谓之"欧公

平山堂

欧阳祠

柳"，现已不存。如今堂上还悬有"坐花载月""风流宛在"的匾额，追怀欧公逸事。堂前有两副引人注目的楹联。其一是文人曾将欧阳修及其好友范仲淹、王禹偁和学生苏轼四人的名篇《醉翁亭记》《岳阳楼记》《黄冈竹楼记》《放鹤亭记》的句子集成的对联："衔远山吞长江其西南诸峰林壑尤美，送夕阳迎素月当春夏之交草木际天。"其二是有人将欧公趣闻逸事和平山堂美景相连，撰成一联悬于堂上，联云："晓起凭栏六代青山都到眼，晚来对酒二分明月正当头。"

康熙皇帝南巡到此，对平山堂美景大为赞赏，曾赐额"贤守""清风""怡情""澄旷"。乾隆皇帝也来平山堂观景，题诗数十首，"西寺西头松竹深，欧阳旧迹试游寻"，足见乾隆对欧公怀有深深的敬意。

平山堂后还有谷林堂和欧阳祠。谷林堂是北宋元祐七年（1092）苏东坡任扬州太守时所建，纪念他的恩师欧阳修。堂名是苏东坡从他自己的诗句"深谷下窈窕，高林合扶疏"中取"谷""林"二字命名。欧阳祠又称"六一祠"，在谷林堂之北，是为纪念欧阳修而建的。堂壁正中供奉欧阳修的石刻画像，神采奕奕，貌如其人。最奇特的是通过光线折射，石刻像远看白胡子、近看黑胡子，引起游人极大兴趣。祠堂上悬"六一宗风"匾额。欧阳修自号"六一居士"，意指藏书一万卷、集录三代以来金石遗文一千卷、有琴一张、有棋一局、常置酒一壶，加上自己为一老翁，合为"六一"。

第二节　第五泉水藏西园

平山堂西边的西园是乾隆皇帝多次临幸的名园。

西园是清乾隆元年（1736）光禄卿汪应庚所建。这个园子四周高地，仿如一口大水池，又似一座小水库，四周山道回旋，绿树成荫，水面又散有大小不等的汀屿，汀与水连、水绕汀环，构成一座巧夺天工的湖山画轴，确如宋代大诗人苏东坡撰写的对联："万松时洒翠，一涧自留云。"

西园假山以叠石奇特著称。经历代工匠的艺术创造，尤其是清代乾隆的南巡，叠石假山、建堂筑舍，使西园景色更趋丰艳。西园占地不大，但建筑形式丰富，厅、馆、亭、台、楼、阁布置和谐，富有浓郁的地方特色和高超的艺术性。主要景点沿池布置，池中岛上砌船厅三间，池面北角有楠木厅，池南听石山房为柏木厅。其中楠木厅最高，船厅次之，柏木厅最低，上下三层，错落有致。西园厅多亭也多，有"天下第五泉"的泉亭，康熙、乾隆的碑亭，还有一座梅亭和一座得月亭。

西园的"天下第五泉"久负盛名。扬州人自古爱喝茶，不少人一早起来就进茶馆。吃茶不单单要茶叶好，还要水好。扬州最好的水是平山堂的"玉泉水"。唐代状元张又新在《煎茶水记》中引用刘伯刍的话，将江淮最宜于烹茶的水分为七等：镇江金山中泠泉水为第一，无锡惠山石泉

"天下第五泉"

大明寺西园

水为第二，苏州虎丘石井水为第三，丹阳寺井水为第四，扬州大明寺泉为第五，松江水第六，淮水第七。欧阳修在扬州时，常来平山堂品西园泉水，并在井上建"美泉亭"，并撰《大明寺水记》，称赞"此井水之美者也"。李斗《扬州画舫录》中也说："盖蜀冈本以泉胜，随地得之皆香甘清洌。"苏东坡知扬州时也曾著文赞美西园的井水。游平山堂或西园，品尝用"第五泉"泉水沏上的蜀冈新茶，确是一种享受。

西园岸上有一井，就是人们常说的"第五泉"；水中岛上又有一井，据说此井才是真正的"第五泉"。但让游人驻足的还是高岸上的古井。岸上的井也好，岛中的井也好，水系都是一脉相通的。

西园还有醒目的两座御碑亭，分别建于陆上"第五泉"的南北两侧。康熙碑亭为四方亭，亭中石碑刻有康熙御制《灵隐》诗一首。乾隆碑亭形制大、地位显，名为亭、实为轩，亭中有乾隆诗碑3块。

西园建筑物较少，水面开阔，树木茂盛，富于山林野趣，加之池东梵刹崇宇、高树密林，让人生颇无限遐想。

第三节　友好见证的小唐招提寺

唐代高僧鉴真，曾为大明寺住持，所以今天我们得以在大雄宝殿的东北侧，瞻仰仿日本唐招提寺金堂而建的、人称"小唐招提寺"的鉴真纪念堂。

鉴真是唐代淮南极有声望的佛教首领。他应日本朝廷之邀，率弟子东渡日本。10年间先后6次东渡，5次失败，受尽风涛之险、牢狱之灾，36人葬身大海，他自己也双目失明，终于在公元753年到达日本，受到日本朝廷的盛大欢迎。他为天皇

鉴真纪念堂内鉴真大师坐像

等人第一次以三师七证正规授戒，不久升任大僧都。他对日本的佛教、建筑、雕塑、医药等诸多方面作出了不朽贡献。他主持建造的唐招提寺，被列为世界文化遗产，他被奉为日本佛教佛宗开山祖、医药始祖、文化恩人。

1963年是鉴真圆寂1200周年，中日双方商定，在鉴真祖庭建造鉴真纪念堂。周恩来总理指名由我国古建筑大师梁思成主持设计，陈从周教授也参与了部分设计工作。梁思成和陈从周住在大明寺，通宵达旦地工作，最后确定的纪念堂式样是仿照鉴真弟子建造、被列为日本国宝的唐招提寺金堂，只在体量上做了缩小。堂南建碑亭，碑的下面是郭沫若手书"唐鉴真大和尚纪念碑"。碑的背面刻有赵朴初的纪念碑文。纪念碑与纪念堂之间是宽敞的庭院，东西有长廊相抱，将纪念碑和纪念堂连于一体。庭院中栽花植树，环境幽雅。鉴真像回国"探亲"时，就供奉在鉴

鉴真纪念堂

真纪念堂内，供人瞻仰。

现在，鉴真纪念堂中央也供奉着一尊鉴真干漆夹纻像。鉴真圆寂前，曾由其弟子塑造一尊鉴真坐像，此像塑造艺术精湛，是日本国宝。20世纪80年代，鉴真像回乡"探亲"期间，扬州艺术家复制了一尊，一直供奉在鉴真纪念堂内。

第六章　荷花池公园

第一节　文脉深厚荷花池

扬州园林中，最有文气的要数荷花池。荷花池又名砚池，水面好似方大砚台，文峰塔的倒影是一支大毛笔。大毛笔在大砚池里蘸水，让大才子们写出大文章，这真是豪气冲天的文脉了。

荷花池地域，先后出现过影园、南园、九峰园这些有名的园林。其周边，还有过九莲庵、雨花庵、古渡禅林、静慧寺、福缘寺等寺庙。著名作家丁家桐先生说，荷花池不仅有文气，还有佛气和商气。虽然我们今天看不见那些寺庙，但夏秋之际芙蕖满地，仿佛万佛齐来，端坐池中，岂不是佛气？清早期，盐商汪玉枢经营此处园林，形成山林水涯之胜。商而优则文，以诗为媒，聚会四方文士，这又让商气之中兼有了雅气。

今日荷花池公园，在南湖之湖心建有"砚池染翰"轩、临池亭，形式别致，结构精巧，都是 300 年前古建筑意念

影园形胜图

的再现。建筑用的玻璃和窗棂的木条，都保留着当年"车轮房""玻璃房"的意味。荷花池的桥也是别致的，三折玉版桥、美人桥、转角桥、古渡桥、渡春桥、南虹桥，都是古代名桥。美人桥附近水中，今日矗立着一尊荷花仙女雕像，沟通东西的水口锁钥则是未名大拱桥，美人桥真正化身为美人和桥。南虹桥改为双虹桥，承载着四车道的市区通衢，气象今非昔比了。

荷花池北端，是当年的影园，曾有董其昌与陈眉公的题额，现在园不存，题额自然不在了。乾隆皇帝曾经为园林题过二额四联，也已踪影难寻了。今日熊百之先生在园门留下的书迹"平临一水入澄照，错置九峰出古情"，就

鸟瞰荷花池公园

是乾隆的诗句。为荷花池题写对联的除熊先生以外，还有葛昕、剑峰诸地方书法名家，真草隶篆，点缀湖光。

明代，郑元勋在影园举办过黄牡丹诗歌比赛，使得荷花池更加有名。评选公平公正，被评为第一名的获得刻有"黄牡丹状元"字样的金杯。还有一次是康熙年间汪玉枢参加的"城南宴集诗"诗会，参加者有 38 人，有名单可查。杭世骏主讲安定书院时，曾与诗友在此园联句，杭的诗文集中有载。乾嘉年间两淮盐运使曾宾谷曾于此园秋禊，与会诗人说当时附近的广陵驿征帆如蚁，停泊了密密麻麻的楼船，江水涌来，形成潮头。曾宾谷其人"旦接宾客，夕诵文史"，是一个文化修养甚高的官员，他形容荷花池的秋景是"水天一色，风露满衣，羽觞浮而荷气香，斗槎泛而银河近"，十分传神，堪称名句。

第二节　影园遗址可追思

2003 年国庆节，扬州荷花池公园北端的园中园——影园遗址公园建成开放了。当代人在原先的遗址上，恢复了当年的水系、植被，重建了部分著名建筑。

建于明末清初的影园，是著名造园大师计成的封山之作，为清初扬州八大名园之一。他以"因地合宜，巧于因借"的手法，根据当时山、水、柳等原有的地形地貌、绿化植被，构造出让人叹为观止、风光绝佳的园林佳作。

影园的设计者计成不仅是造园大师，而且是造诣极深

影园遗址碑

的造园理论家，写出了世界最早的造园专著《园冶》，影园就是《园冶》理论的再实践。他在书中坚持的"巧于因借，精在体宜"的原则，追求"虽由人作，宛自天开"的最高境界，在影园中得到了淋漓尽致的体现。他不仅北借蜀冈，还将江南诸山"奔来眼底"；园内山水能融汇于大自然之中，园内土丘作为远山的余脉经营，并引水从山中渗流而出，混假于真，亦假亦真，可称山水规划之"珍品"。据影园园主郑元勋《影园自记》描述，其地无山，却前后夹水，隔水同峦，蜿蜒起伏，尽作山势。"环四面，抑万屯，荷千余顷，萑苇生之。水清而多鱼，鱼棹往来不绝……升

影园遗址

《园冶》书影

高处望之，迷楼、平山皆在项背；江南诸山，历历青来"。地在柳影、水影、山影之间，"三影"成了该园的精髓。造园者以"追光蹑影之笔，写通天尽人之怀"，给游者以"亭下不逢人，夕阳淡秋影"的空灵美，透逸出"潭影空人心"的韵致。书画名家董其昌书赠"影园"二字，可谓锦上添花，使影园一时成为江南名构、扬州第一名园。

今日遗址之南，建有一方半卧式斜碑，上刻当日园主人郑元勋《影园自记》手迹，全文 2000 余字，刀工精确。这方碑画龙点睛，烘托出这一方水土的文化底蕴。郑氏为崇祯后期进士，善文能画。他在《影园自记》中叙述了他用画家的眼光，经营这一方水上长屿，以林木花草、亭台斋阁点缀，屡建屡更，宛如画家作画时构图着色，在不断涂抹中完善。这幅"画"的趣味在于"朴野"，夹以孝母之虔诚、人生之感悟、师友之往来、历史之回想，洋洋洒洒，意趣天成。这方碑是这一处风光的枢纽，把艺术与园林联结了起来，把今天和昨天联结了起来。

第三节　九尊山石九锭墨

古代文人园林，想象的空间很大，这处荷花池，集全了文人所需的全部"笔墨纸砚"。笔为文峰塔影，纸为万里天宇，砚为一池湖水。笔有了、砚有了、纸有了，墨呢？墨在砚池边上。这座园子里矗立着九尊山石，这九尊山石，便是九锭墨了。文房四宝全了，于是湖中建筑物上出现了

"九锭墨"中的一尊遗石

四个大字"砚池染翰"。

当年南园园主汪玉枢，造了园子，觉得有屋有水，不可无石，便从南方买来了九尊太湖石，分别置于建筑周围，形成园景。南园的名气，实在比不上之前的影园，但是，乾隆驾到，让南园声名大振。皇帝为园子写了一副对联："平临一水入澄照，错置九峰出古情。"乾隆欣赏这座园子，南园易名为"九峰园"。一园九峰，很有诗意，只是破坏了诗意的是：皇帝看中了这里的石头，选中其中两尊最精彩的玲珑石，用船装回北京去了。

今人到荷花池看水看荷、看花看木，还是能看到矗立园中的九尊大石的。清代陈列的那九尊有的进入京城、有的散落民间，今日补齐的九尊总体上比清代的那些还要高大奇崛，别饶趣味。经过多少万年水浪冲击、风霜侵蚀的石头，都是有灵性的东西，无古今之别。这些石头不仅有外貌之怪，而且有经历之奇，可诗可画。园有奇石，而且作为标志物，园林便有了个性。才子佳人、帝王将相，还有远近的平民百姓都在这里不胜流连。

"砚池染翰"景区

第七章　街南书屋·小玲珑山馆

第一节　街南书屋蕴藏"玲珑十二景"

2011 年开始，扬州对中国十大历史文化名街——东关街中段的街南书屋进行了复建，小玲珑山馆等十二景逐一恢复，一时成为文化、园林界的盛事。

历史上的街南书屋，其主人是雍正、乾隆年间江淮闻名的"二马"兄弟：马曰琯、马曰璐。他们是盐商，可是他们的出名，却不是有钱，而是有文化；他们是当时著名的藏书家、诗人、版刻家和社会活动家。他们的街南书屋，是当年全国一流的民间图书馆、招徕南北名流的文化俱乐部，是马氏兄弟私人迎宾的招待所。

兄弟二人对文学、园林艺术颇有研究，曾在园中建"街南书屋十二景"，即：小玲珑山馆、看山楼、红药阶、透风透月两明轩、石屋、清响阁、藤花庵、丛书楼、觅句廊、浇药井、七峰草堂、梅寮。十二景中，以小玲珑山馆最为有名。山馆前有一玲珑石，相传为首任甘泉县令龚鉴所赠。

街南书屋

小玲珑山馆

藤花庵

玲珑石就是太湖石，因为苏州有座"玲珑馆"，所以这座馆名就加上了一个"小"字。"小玲珑山馆"就成为街南书屋的代称。

看山楼是园林中的一处待客之楼，楼面不大，"我有三间屋，还添一角山"，楼中陈列雅致，可容一二十人小坐。看山楼所指的"山"有远有近，近处是指楼外一角假山，远处则指江南诸山。楼上看山，楼廊有栏杆，"凭栏远目望江南"。其实，即便当年空气质量多么好,江那边的山影也是看不清楚的,马氏造楼的目的是取其雅洁。

园林中有处藤花庵,是一处"清斋"。庵内供观音像,整日香烟缭绕,"忘言独立久,人在吹香中"。藤花庵的特色是小屋为藤花所绕,青藤掩映,浅绿的幽光弥漫于清斋之中。庵中有4件饶有古趣的物件:一是树根、二是雕竹屏风、三是髹漆榻、四是琴砖。主人好收藏,藤花庵便成为兄弟二人展示宝物的"临展厅",每获宝贝,便邀约友人共同欣赏。这些古物有时是宋人绘画、有时是明代漆盘、有时是汉代雁足铜灯,不可一一列举。

第二节　编纂《四库》青史留芳

今天看来,"二马"兄弟得以青史留名,源于他们的爱书成癖、藏书巨丰、好书共享、献书有功。

先说爱书成癖。为了搜书,马曰琯每每与友人相见,"寒暄之外,必问近来得未见之书几何,其有闻而未得者几何。客有所答,曰琯辄记其目,或借抄,或转购,穷年兀兀,不以为疲"。藏书多为手抄本,手抄本很贵,明刻本、宋刻本的书更贵。马氏不计较银子,遇有好书,千方百计地广为罗致。发现远地有奇书,主人不肯卖,马氏则不惜重金,雇人抄写。收集来的残书破卷,马氏雇人修补整理,精工装边,再用宋体字标于书脊。

看山楼

　　马氏兄弟藏书巨丰。他们在园林中建了一座丛书楼，后来书太多了，一座楼装不了，又另建了一座楼。袁枚说这座园林是："横陈图史书千架，供养文人过一生。"

　　最令人景仰的是马氏兄弟的"好书共享"理念。马氏兄弟的藏书是开放型的，不少诗人、学者既是小玲珑山馆的座上宾，也是丛书楼中的老读者。名士厉鹗研究《辽史》，但辽代的资料各地皆缺。厉氏于丛书楼观书，意外地见到资料，萌生了写《辽史拾遗》的念头。马氏知道了，请厉先生在书屋住下，供给酒食。为使他安心著书，又出资为他娶了小妾照应他。结果才子不仅完成了著作，还生了儿

丛书楼

《四库全书》书影

子。据马氏诗记，厉大才子日后"与旧姬连育四子"，真是双丰收。马氏兄弟还帮助别人治病。全祖望住马府作《困学记闻》，不幸患了恶疾，马氏千方百计延请名医诊治，"刀圭佐旅餐"，把朋友的病看好，让朋友完成著作，然后恋恋不舍地送朋友返里。在街南书屋住的时间最长久的要数汪士慎。汪氏贫穷，到扬州卖画，无力租屋，便住在七峰草堂，一住便是若干年。汪氏甚至自刻了一方"七峰居士"的私印——这位招待所里的免费常住客，简直把人家园林当作自己的家了。

马家的藏书多，皇帝都知道。乾隆三十八年（1773），四库全书馆成立，正式启动了《四库全书》的编纂工作。这一宏大的文化工程，分两步进行，一是组织班子从《永乐大典》中辑录古代亡佚典籍和整理大内藏书，二是诏谕各总督、巡抚、学政等广泛在社会上"采集遗书，汇送京师"。乾隆知道江淮马家藏书多，直接点名马家献书。马家计献书776种，占街南书屋藏书量的一半以上，是全国私家献书的第一位。据《四库全书总目》著录，马家入选四库的书有375种、5529卷，数量也列前茅。为奖励马家的献书之功，朝廷特赐5200卷的《古今图书集成》一部，是为莫大的荣耀。

第八章　当代私家园林

第一节　袖珍祥庐十上央视

扬州，不仅拥有瘦西湖、个园、何园、小盘谷等一批山水名园，随着经济的发展、生活的改善，现代私家园林日益兴盛。据扬州庭院艺术研究会统计，从2000年到目前，扬州老城区及近郊古镇上，新建起了近百处私家园林。这些园子，从二十几平方米至一二百平方米不等，装点了家居环境，拓展了园林内涵。

在中国十大历史文化名街东关街东首167号，有座私家宅院祥庐，近年来声名鹊起，吸引无数游客慕名而来，中央电视台各个频道10次前来采访。园主人是扬州庭院艺术研究会副会长杜祥开，"祥庐"之名由此而来。

扬州曾有一座城市山林，以"容膝"为名，寓意明确：这里地方太局促，只容得下"两膝"。历史上的容膝园毁圮殆尽，而祥庐，分明是又一座"容膝之园"。

进入大门，短小廊道映入眼帘，木廊架上爬满碧绿藤

"祥庐"石额

祥庐内景

祥庐花门

蔓，刚开过花的紫藤，枝条繁茂，清新自然之气扑面而来。

三间住屋，正面南向，阳光充足。砖木结构，硬山屋面。堂屋居中，两侧是卧室。檐下挂鸟笼，屋前摆花盆，古朴精美的镂花木窗棂、典雅的冰裂纹图案落地罩，风雅之极，彰显古城的人文风貌。

屋前是院落，麻雀虽小，五脏俱全。

短廊前有海棠形券门，背面门上方有石额，扬州书法名家李圣和的楷书"清雅"端庄秀美。穿过券门，小院全貌一览无遗。东南角，半角亭高耸，此乃园子的核心景观。八角亭子取其四分之一，以小见大的效果宛然。攒尖顶，檐角飞翘，古色古香。挂落、雀替、美人靠，一应俱全。亭柱上悬挂楹联"鹃开花弄影，琴弹鱼跃波"，棕色底板、绿色楷书，清楚可观。扬州名流撰稿书写，草楷字体潇洒飘逸。主人介绍：楹联中嵌进的"鹃、开、琴"，是在一家三口的大名中各取一字，可谓匠心别具。

亭下，一泓池水，池里盛开睡莲，几尾红鲤游弋其中。

一座石桥连通亭子与前院，池前设白石栏杆，湖石假山点缀池畔，错落简洁，姿态不俗，亭亭玉立。伫立池前，细数游鱼，乐不可支。池上架桥，围以红色木桥栏，对面三级台阶，白石筑砌，犹如扬州虹桥的精致版，浮现在眼前。

南面即是围墙，主人不甘寂寞，墙上砌花窗、贴砖雕，窗虽设而常闭。瓦片搭成的图案，姿容绰约；砖刻的"福"字浮雕，围以蝙蝠口衔金钱的图案，寓意深刻。一虚一实，对比强烈，丰富了景观，效果奇好。园主人显然是个园艺行家，精心之至，院内一草一木，搭配极其自然，不落雕琢痕迹。亭台之上，覆盖爬山虎、金银花，绿荫浓郁，为庭院增添了无限生机。紧贴假山，几株芭蕉拔地而起，肥硕的绿叶清丽动人，不由使人想起《红楼梦》中贾宝玉所住的"怡红院"。所谓"怡红快绿"，"快绿"说的就是怡红院的绿芭蕉。每到初夏，藤枝上挂满橘红色的凌霄花、金黄色的金银花，与垂下的细嫩枝条构成和谐生动的图案。

小园以青砖铺地，席纹状，中间嵌卵石花街"万福"装饰，谢绝时髦平整的地面砖，目的在于固守私家园林小家碧玉的风格。散落在庭院周围，有数方奇石、圆鼓，扬派盆景搁置其上，相得益彰。墙隅一口老井，井水用以浇灌花草。

占地仅方寸，精致是灵魂。主人巧借空间，搭建"紫气阁"，高低相配，空间感油然。顺着堂屋边绿荫缠绕、蔷薇盛开的楼梯拾级而上，登楼入室，面积不大，文房四宝一应俱全，是闲暇时读书写字或与客人聊天喝茶的所在。

第二节　燕燕所居处处赋美

利用房前屋后的隙地，凿出一方池塘，垒起几块湖石，在庭院内再加入楹联、匾额等文化元素，营造出陶陶然的人居天地来。扬州近郊泰安古镇的刘伟红就是这样，把自己日日居住的地方，打理出一番人文山水的意境来。

园子叫"燕燕居"，是作家刘伟红的欢乐自在岛，由祖屋后院一块约 150 平方米的闲置地改造而成。古语云：

燕燕居一角

"市井不可园也，如园之，宜幽偏，邻虽近俗，门掩无哗，后有闲地可葺园，正可谓护宅之佳境也。"而她的祖屋正具备了这样的地利条件，老屋里祖辈生活的印迹依然，屋后别有洞天的佳境呼之欲出。

值得一提的是，燕燕居从设计到施工，刘伟红都亲力亲为。在她看来，一手打造的园子才最符合自己的理想；若是假手于人，多少会沾染些别人的意愿倾向，这会让她有种美中不足的缺憾感。

当造园的执念终于破土，刘伟红开始有针对性地跑扬州各大景点园林和私家园林，察看、拍照、记录、丈量、

诗坛泰斗洛夫《石榴树》诗刻

燕燕居庭院

商讨，经过反复构思，想象中的后院初具雏形。亭台楼阁的尺寸大小、叠石假山的位置、小桥流水的安放，她都做了合理的摆布。接下来是工匠施工，基础的土建很顺利。瓦工之后木工进场，刘伟红设计的亭台楼阁是仿古式雕梁画栋的榫卯木结构，经过前思后想，最终选定了建筑古典园林经验丰富的天长木匠夏师傅。夏师傅是专门做古典园林建筑的木匠，扬州东关街和东圈门一带修复和新建的木工活计，多半出自他的巧手。夏师傅和刘伟红禀性相投，也喜欢亲力亲为，一个人单枪匹马地在燕燕居做了将近4个月，半亭和依墙迂回的长廊最终呈现出来，堪称完美。

从一开始刘伟红就在思考，要给自己的园子起什么名字。刘伟红很喜欢"燕"字，她笔名青燕，正巧又对史达祖的宋词《双双燕》情有独钟，后来扬州学者刘水给她提供了灵感，于是，园林最终定名"燕燕居"。红底金字的匾额更是由扬州著名作家丁家桐先生题写。

刘伟红觉得《双双燕》与她的造园意境十分吻合，园子里的每一处景致，似乎都在这首词里应运而生："晏福亭"映衬着五福砖雕，犹如一位大家闺秀伫立在葫芦形的水池边；"栖香阁"内则满溢着花香、茶香、酒香、书香，这正是"看遍好花春睡足，醉残红日夜吟迟"。园中的小景都有了各自的雅称，一条弯曲的小路取名"芳径"；几十年无名的老井有了动听的名字"藻井"；曲折的长廊夏享凉风冬可听雨，谓之"芹雨廊"；而叠石"剪翠峰"正如燕子的一羽翠尾，映照在葫芦形的"红影塘"里；西侧墙上的木门"迎曦"，每天都迎着东方升起的第一缕阳光……再看西墙的白矾石上，刻着一首《石榴树》，那是著名国际诗人、获诺贝尔文学奖提名的诗坛泰斗洛夫先生参观燕燕居后回台湾寄赠给刘伟红的墨宝。她珍惜这来之不易的馈赠，特地请江都有名的石刻师傅用了一周时间，逐词逐句把这幅书法刻下，并用青砖磨砖镶框，嵌在燕燕居石榴树下的墙上，也记录下这段值得回忆的故事。

园子建成了，自此，燕燕居春天满园姹紫嫣红，夏天一池荷叶田田，秋天阵阵金桂飘香，冬天可踏雪寻梅。不过刘伟红也因此有了忙不完的事，打扫、拔草、修剪、施肥、淘园艺小品、邀文朋诗友雅集聚会——只要走进园子里，她就想起杨绛的话，仿佛就是送给自己的：她与谁都不争，她最爱大自然，其次是文学。

主要参考文献

（1）赵御龙 徐亮：《璀耀历史时空的扬州园林》，《绿杨城郭》杂志，2016 年 3 期。

（2）金川：《话说个园》，广陵书社，2017 年。

（3）顾风主编：《大地上的卷轴画》，东南大学出版社，2013 年。

（4）许少飞：《扬州园林史话》，广陵书社，2014 年。

（5）王资鑫：《广陵散》，人民日报出版社，2006 年。

（6）周晓晴主编：《何园的故事》，广陵书社，2006 年。

（7）何祚宏：《李鸿章缘何为何俊写墓志铭》，何园官网，2012 年。

（8）王虎华主编：《扬州瘦西湖》，南京师范大学出版社，2012 年。

（9）陈跃：《豪门风雨百年后》，《世界遗产地理》杂志，2015 年 2 期。

（10）丁家桐：《荷花池文脉深厚》，《扬州晚报》，

2012 年 8 月 15 日。

（11）陈炎：《祥庐：养在深巷声名鹊》，《绿杨城郭》杂志，2015 年 1 期。

（12）郁春玲：《情之寄于庭园》，《绿杨城郭》杂志，2017 年 3 期。

后　记

到扬州工作，便与扬州园林结了缘。做了 10 年记者，报道了大量园林新闻；后来做世界文化遗产申报工作，又是 5 年，扬州瘦西湖、个园就是在我们的手中成为世界文化遗产的。现在，应中国公园协会副会长、扬州市园林局局长赵御龙先生之邀，我主持一份园林刊物《绿杨城郭》，更是每天浸淫于扬州园林之中，乐此不疲。

"杭州以湖山胜，苏州以市肆胜，扬州以园亭胜。"历史上的很多时刻，扬州园林与苏州园林的角色不断互换，她们交替着为"江南"代言。今天，她们相辅相成，共同占据了"江南"的绝大部分份额。

在扬州生活，没有高架、没有地铁，你没有上天入地的紧迫感与危机感。茶余饭后，你信步一走，便是园林；你所接触的，是凉月映水、是花影在墙、是草木春深。

总想找个机会说一说扬州园林里的故事，这个故事，不是研究文本、不是导游解说，而是风雅与传承、家风与家国。写这本口袋书满足了我倾诉的愿望。

王虹军、茅永宽、蒋永庆、张卓君、李斯尔、黄建军、夏鹭、张宽等师友给我提供了部分精美配图，他们以镜头画笔表现着扬州园林的草木、茶墨和烟雨，而我以文字拾步古琴、竹笛、琵琶的音阶，一路姹紫，醉卧园林。

陈　跃

2017 年 10 月 18 日